数学を嫌いにならないで
基本のおさらい篇

ダニカ・マッケラー
菅野仁子 訳

岩波ジュニア新書 876

MATH DOESN'T SUCK
How to Survive Middle-School Math without
Losing Your Mind or Breaking a Nail

by Danica McKellar

Copyright © 2007 by Danica McKellar
Illustrations by Mary Lynn Blasutta
All rights reserved including the right of
reproduction in whole or in part in any form.

First published 2007
by Hudson Street Press, New York.
This Japanese edition published 2018
by Iwanami Shoten, Publishers, Tokyo
by arrangement with
Avery (formerly Hudson Street Press),
an imprint of Penguin Publishing Group,
a division of Penguin Random House LLC
through Tuttle-Mori Agency Inc., Tokyo.

数学なんか最低と思ってた

　わたし、数学には、恐怖を感じてました。

　忘れもしない、中学一年の時、数学の豆テストがあったんだけど、椅子に座ったまま、テスト用紙を呆然とながめていただけだったのを覚えてる。まるで、それが中国語かなんかで書いてあるような——テスト用紙に何も書いていないのといっしょだった。まったく頭が働かなかった。

　どれも意味不明で、お腹のあたりは気持ち悪くなるし、顔から、血がすーっと引いてくのがわかる感じだった。そのテストのために、すごいいっしょうけんめい勉強したのに、全然駄目だった。——紙の上に書いてあるのが数学の問題らしいことが、なんとなくわかる程度だった。

　終わりの鐘がなっても、わたしのテスト用紙は白紙状態で、できることなら椅子の中にでも消えてしまいたかった。もう、とにかく、自分がそこに存在してるってことがいたたまれなかった。

　もし誰かがわたしに、「10年後にあなたは、数学専攻で学士号をもらい大学から卒業するでしょう。」とでも言ったら、わたしはたぶんその人に、「どこか具合が悪いんじゃないの？　病院で検査でもしてもらったら？」と言ってたこと、間違いなし。

でも、現実には、検査の必要はなかったようで、実際、わたしは、中学二年から数学が大好きになって、高校生時代を通して、いろいろな数学の考え方や、やり方に対して、自分なりの工夫をほどこしながら、それを自分のことばで完全に理解して使いこなせるようにする素敵な方法を、山ほど見つけることができるようになったのでした——その素晴らしいやり方の秘密をこの本で、あなたにも教えちゃおうというわけ！

これに続く本の中で、あなたはわたしの冒険物語、つまり、数学に恐怖を感じている学生と、自信満々の女優と、その中間のすべてのわたしの物語を読むことになるでしょう。その中でも一番わかってほしいことは、いかに頭をはっきりさせるかが、あなたの人生のすべての場面において、自分を素敵だと感じられる境地までもって行ける最短の近道なんだということです。

あっ、忘れてた——もちろん、あなたの次の数学のテストで、抜群にいい点をとるお手伝いもします。

そして、数学は、最低なんかじゃない！

ちょっと、考えを整理してみましょうか。にきびは、最低でしょう。意地悪な人たちも、最低。あなたの彼氏が他の女の子にキスしたことが、わかったとしたら？ そんなのは、まったくもう、最低というしかない。宿題の山、約束破り、車のへこみ傷、離婚、不安、こういうことは、最低、最低、最低、最低、最低間違いなし。

でもね、数学は実際の話、いいことなんだ。いくつかの例をあげてみましょうか。数学は自信をつけてくれる、

数学なんか最低と思ってた　v

あなたを詐欺にひっかかることから守ってくれる、クッキーのレシピを必要に応じて上手に調整することができるようにしてくれる、スポーツの得点を理解させてくれる、パーティや休暇の計画を立てたり予算を組んだりできるようにさせてくれる、セール品が実際にはどれだけ値引きされているのかわからせてくれる、そしておこづかいの使い方にも役立つ。数学は、たとえどんな人に会うときでもあなたは頭がいいんだと感じさせてくれるし、割りのいい仕事につける手伝いもしてくれるし、もっと論理的に考える手伝いもしてくれるのです。

　なんといっても、数学を学ぶこと自体が、あなたの頭脳の切れ味をよくしてくれるし、実際、すべての分野において、あなたをより賢くしてくれるのです。知能というのは、現実のものだし、継続するものだし、誰もあなたからその知能を取り去ることはできないのです。絶対に。

　ほら、わたしの例を見てみて。あなたの知性からくる自信は、何ものでも置き換えることができない――きれいだってことでもないし、有名だってことや他の「表面的な」どんなものとも交換することができないでしょう？

　わたしが中学生だったとき、わたしは誰もがそうであるように、自信がなかった。そのとき、わたしがテレビシリーズ（素晴らしき日々）に出演してたってことなんか、なんの役にも立たなかった。誤解しないでね―― 演技することは、好きだった。でもすぐに、数百万人の前で演技し、たくさんの注目を浴びたとしても、それは、わたしが本当はどういう人間なのかということとは、まった

く関係ないんだということは、理解できた。毎日、道を歩いていると、たくさんの人がわたしのところに寄ってきては、サインを頼んだり、どんなに自分たちがわたしの演じている役柄の性格が気に入っているかを話してくれた。ああ、何てことなの？

こんなことが二、三年続いたあと、わたしが疑問に思いはじめたのは、「もし、わたしがテレビに出演していなかったら、それでも、みんなはわたしのこと気に入ってくれてたかしら？」ということでした。だんだんに、誰かがどんなにわたしの役柄が気に入っているかということをわたしに話すたびに、わたしは、口では「ありがとう。」と言ったけど、心の中に空虚さを感じるようになりました。わたしは、自分自身の価値のようなものを疑いはじめたのでした。

高校のときの友達で、きれいな、長い、生まれつきの赤い髪をした女の子がいたんだけど、長い間、彼女が行く所ではどこでも、みんなが彼女にどんなに彼女の長い赤い髪を愛しているかを話し続けた。友達も、家族も、見知らぬ人も、誰でもそう言ったのでした。ついに、彼女が17歳になったある日のこと、彼女は、髪を短く切ったうえになんと——真っ黒に髪を染めて学校に現れたのでした。

彼女が言うには、彼女はみんなが彼女の髪をほめることに飽き飽きして、人々は、彼女の髪ではなく、「彼女自身」の中の何が好きなのか知る必要があったのだと。彼女は、わたしが、人々がわたしのテレビに出演している

ことについて話したときに感じていた虚しさと同じものを感じていたのでした。彼女は、何か内側にある確かなものの価値をみつける必要があった。もちろん、彼女は頭がよかったし、おもしろくて、なかなか味のある性格だったの——ただ彼女は、自分でそれを見つけ出す必要があった。そして、心配しなくてもいいわよ、彼女の赤い髪は、徐々に伸びて元に戻ったから！

　知っておくべきことはね、本当に大切なこと、わたしたちの知性とか、人格とかっていうのは、自分自身で変えていくことができるってこと。人気があって、魅力的だってことに焦点を絞るのも楽しいけど、あなたの知性と有能な部分を発展させることも、大事なことなのです。

　あなたの頭をもっと切れるようにし、知性を発達させるもっともよい方法の一つは、数学を勉強すること。それは、他のことではなかなか達成できない方法であなたの心に挑戦し、それを強くするのです。そうね、ちょうどジムにいくようなものかな？——ただし、筋肉のためではなく頭脳のためのジムだけど！

　わたしは、演技することを 4 年間休んで、大学で数学を専攻したの。そしてそれは、今まででわたしがした選択の中でも、最高のものの一つだった。その後、演技には復帰したけど、もう同じではない、知性を磨いたことから来る新しい感性の自信を伴ったわたしが生まれたのでした。

よく訊かれる質問：この本の使い方

質問：どんなタイプの数学がこの本には出てくるの？
この本は、小学校から中学校で習う数学の考え方のうち、経験的に生徒にわかりにくいテーマ——分数、変化率、割合(比)、パーセントなどに的を絞っています。もし、これらの考え方を完全に理解していないと、それらは、高校でも——もっと先になっても、のろいをかけられているみたいにあなたのところに何度でも戻ってきて、あなたを悩ませることでしょう。だから、わたしはそれらを一度に、しかも全部きれいに片付けてしまうことを提案します！

あなたは、この本の中で、手書きの問題があるのに気づくでしょう…そうです。これはまさにわたしの自筆なんです。もちろん、わたしの四年生の時のウィリアム先生は、わたしの手書きがとても素晴らしいとは、けっして思わなかったことはわかっているけど、ときどき、手書きを見たほうがわかりやすくなるってことは、あるでしょう？(それに、ウィリアム先生も、わたしの手書きがあのころから比べて上達したと賛成してくれると信じます。)

それから、それぞれの節の終わりに、わたしがあまりたくさんの練習問題を載せていないってことにも気づくでしょう。それは主に、わたしがあなたにできるだけたくさんの工夫とコツを教えたかったこと——それと、たぶんあなたは、もうたくさん！と思える以上の練習問題

を、学校の数学の教科書から探せるだろうと思ったからなのです。しかも、この本の中にでてくる問題には、答えがついています——本の後ろのほうに——。そして、こうすれば、「でも、彼女はどうやってこんな答えをだしたんだろう？」って、悩まなくてもいいでしょう。そんなふうに悩むときの気持ちっていやじゃない？　そんなあなたのために、解答も載せました。

　質問：この本は、はじめから終わりまで読まないといけないのでしょうか？

　そんなことはありません。実際、この本のさまざまな使い方をあげてみると、今晩しなきゃいけない宿題とか、あしたのテストに必要な考え方を説明している章に、直接、スキップしてもいいのです。あなたが、いつもうまくできない数学の考え方があったら、そこにまっすぐスキップして、今後のために、それらをすっきり解決してしまいましょう。あるいは、実際にこの本をはじめから終わりまで読んでもいいのです。そして、あとで、あなたが宿題で必要になったら、それぞれの章に設けてある"この章のおさらい"を、手っ取り早い復習として参考にするために戻ってきてもいいのです。

　質問：この本は、数学だけでなくもっと他のことも書いてあるようだけど——どんなことが書いてあるのでしょう？

　わたしが教える数学に加えて、たくさんのおまけをつけました。たとえば、ちょうど、あなたやわたしのような女の子からの"みんなの意見"——彼女たちの体験に基

づいた感想や教訓に耳を傾けてみましょう。

- "心理テスト"は、47, 172 ページ、文章題にいどむ篇 169 ページにありますが、それは、あなたに '数学恐怖症' の疑いはあるか、あなたにはどんな学習法があっているのか、あなたは集中力に問題があるのか——そして、それについてどうしたらいいのか、についてお答えします。

- "あなたの星座は、何ですか？"が文章題にいどむ篇 35 ページにありますが、そこではあなたの星座の数学に対するアプローチがどんなものであり、それとどうつきあっていけばよいかを見つけることができます！

- 実際の子どもたちからテレビスターまで、この本のいたるところに、そんな皆さんからのメッセージを見つけることができます。

質問：この本を理解するために必要な予備知識のようなものには、どんなものがありますか？

この本をもっとも有効に活用しようと思ったら、掛け算九九と割り算の計算とが両方とも完璧にこなせるのが理想的でしょう。

もし、あなたがそうじゃなかったとしても、心配ご無用。基本のおさらい篇のおしまいの方には、12×12 までの掛け算九九の表が載せてあります。だれでも、掛け算九九は忘れることがあるから。なぜだか理由はわかり

ませんが、わたしは、7×8がどうしても覚えられなかった。あるとき、試験の最中にある分数の問題で、どうしても7×8が必要だったんだけど、わたし、それが54だったか、56か、57かどうしても思い出せなかった！ だから、実際、はしっこのほうで足し算をしてみたのです。そうです——わたしは、8を7回書いて、それを足していったのでした。かっこ悪かったけど、仕方なかった。

　ところで、7×8は、56でした。

　質問：もし、それでもうまくいかなかったらどうすればいいのでしょう？

　この本の後ろのほうに、"数学のトラブル解決ガイド"を載せました。これには、あなたの数学のすべてについて、うまくいくところ、困っているところに関するさらにつっこんだヘルプがでています。こんな悩み聞いたことあるんじゃないかな？

- 「数学なんて、退屈で死にそう。」

- 「数学をやんなきゃいけないとなると、怖くなって逃げだしたくなる。」

- 「数学の授業中に、こんがらがって、さっぱりわからなくなっちゃう。」

- 「わかったと思ったのに、数学の宿題をまちがえてしまう。」

- 「宿題は大丈夫なのに、試験になると緊張して、何も思い出せなくなってしまう。」

もし思い当たることがあったら、いつでも、215ページ、文章題にいどむ篇223ページを開いてみてください。こんなすべての悩みに対しての解決法が書いてあります。

さぁ、始めましょう！

謝　辞

わたしは、この本をわたしの妹であり、生涯の親友でもあるクリスタルに捧げます。わたしに言わせてもらえるなら、彼女は、まさに美しさと頭脳の良さの'典型'と言っていいでしょう。11歳のときに'風とともに去りぬ'を読破したことにはじまり、LSAT（アメリカの全国共通テスト）で満点に近い得点をとったりと、クリスタルは、勉強だけじゃなく、いつも何か人をわくわくさせるようなことをやってくれるのです。なんてったって彼女は、わたしの知ってる女性の中ではただひとり、雪の降る中、10 cm以上のヒールを履き、パールのアクセサリーをつけて、教室…ハーバードの法律学校にある教室に向かって走って行くのが日常茶飯事という女性だから。わたしはそんなクリスタルが、大好きなのです！

ここで、協力していただいた人たちに、わたしの感謝の気持ちを述べたいと思います。人生はまさに、チームスポーツと同じ！

わたしの両親、マハイラとクリスには、数学は最低だなんて決して言わなかったこと、それから、いつも自分が好きなことならどんなことでも、たとえ、それらがお互いにまっ

たく関係なくてもいいから、やり続けるようにわたしを勇気づけてくれたことに対して、感謝します。そして、わたしの他の家族みんなに、大きな意味での家族も含めて、ありがとうと言いたいです。おばあちゃん、おじいちゃん、クリスタル、クリストファー、コナー、それから、他のみーんな——わかってるわよね、わたしがあなたたちのこと、言ってるのは！

　わたしの素晴らしい出版社のスタッフにお礼を言います。ローラ・ノランには、わたしにこの本を書くことを依頼してくれたこと、それからクリエイティブ・カルチャー社の文章の添削を手伝ってくれたみんなには、わたしの初めての著者としての経験の間中、なんでも手をとるように教えてもらったことに対して、お礼を言いたいです。それからハドソン・ストリート・プレスと、ペンギンブックス社のクララ・フェラーロ、ロレーン・ローランド、それからわたしの大好きな才能にあふれた編集者であるダニエル・フリードマンとその他の、この本が本屋さんに並ぶことを願ってくれたみんなに、ありがとう。また、本の出版にあたって、デザインの面で素晴らしい仕事をしてくれたサブリナ・ボーワーズ、アビゲイル・パワーズ、スーザン・シュワルツ、マシュー・ボーツィ、メリッサ・ジャコビィーに、感謝します。NKグラフィックス印刷社のみんな、この本の出版期限を守るために、時間超過勤務で働いてくれた人たち、メアリー・ページ、マーシャ・オーランダ、ウェンディ・スレイト、ダイアナ・ルーパ、ミッシェル・ジョーンズ、ロブ・ゲッチング、

ジェニファー・ラジー、ロビン・ホーガンをはじめ多くの人たちに、感謝の意を表します。そして、わたしの新しい編集部長、ルーク・デンプシーさんに対しては、その絶大な情熱と、かっこいいイギリス訛りの英語で、この一連の共同作業をいっしょにリレーのようにつきあって走ってくれたことに対して、特別にお礼を言わせてください。

　ホープ・ダイアモンドに対しては、わたしの過去9年間のキャリア（だけでなく人生）を形づくるのを手伝ってくれたことに対して、それからシェプリー・ワイニングス PR 社のボニー・ワイニングス、ダニエル・ダスキー、ブレンダ・ケリーのみなさんに対して、また、セント・ジュード小児研究病院にあるあのすてきなマスラトン（数学マラソン）・プログラムに対して、ケニス・チャングとわたしの数学に対する情熱を世界の人たちと共有する方法をみつけることに、協力してくれていたすべてのジャーナリストに対してお礼を言います。

　わたしの弁護士、ジェフ・バーンシュタインに対して、マーク・ウルフと、わたしのマネージャー、アダム・ルイスと、アブラムス・アーティスト・エージェンシーと、CESD のキャシー・リツィオとパット・ブラディを含めたみんなに対して、長年にわたるわたしのさまざまな興味の一つ一つの段階を通してあんなにわたしを理解し、協力しつづけてくれたことに対して本当にありがとう！

目　次

　　数学なんか最低と思ってた

1　素数と素因数分解　　　　　　　　　　　　1

2　最大公約数の見つけ方　　　　　　　　　17

3　倍数と最小公倍数　　　　　　　　　　　37

4　分数と帯分数への招待　　　　　　　　　55

5　分数の掛け算と割り算…そして逆数　　　75

6　分数の約分　　　　　　　　　　　　　　93

7　分数の比較　　　　　　　　　　　　　115

8　分母を共通にする　　　　　　　　　　131

9　繁分数　　　　　　　　　　　　　　　147

10　小数の一部始終　　　　　　　　　　　181

　練習問題の答え　　　　　　　　　　　　211

　数学のトラブル解決ガイド　　　　　　　215

　索　引　　　　　　　　　　　　　　　　229

[文章題にいどむ篇　目次]

11　分数を小数に直す
12　小数を分数に直す
13　パーセント ⇔ 分数、小数
14　分数、小数、パーセント総出演
15　文章題への招待
16　比
17　単位あたりの割合
18　比　例
19　単位の変換
20　x について解く：入門
21　x について解く：文章題

練習問題の答え
続・数学のトラブル解決ガイド
索　引

1　素数と素因数分解

　ところで、友達と友情の証(あかし)にビーズのブレスレット作ったことある？　わたしなんか、もう、年中してました。ビーズを売ってるお店に行ってはどのビーズとどのビーズをいっしょに組み合わせるか、わくわくしながら選ぶのが楽しかったなぁ。わたしは、ここのところしばらくやってないけど、わたしの友達で手製のブレスレットをインターネットのオークションにだして、おこづかいをかせいでいる人がいます！

　さぁ、一つ作ってみましょう。中ぐらいのサイズのビーズだと、普通、24個もビーズがあれば、一つのブレスレットが作れます。さて、16個の縞瑪瑙(しまめのう)でできたビーズと、8個のヒスイでできたビーズがあったとしましょう。このブレスレットは、きれいなものに仕上がるでしょう！

　次に、どんなパターンで組み合わせるか、考える必要がありますね。まず、ビーズを同じ数のグループに分けてみましょうか？　そうすれば、どんなパターンが可能なのか、わかるじゃない？

　まず、8個のヒスイは、

4個ずつ、2つのグループに分けるか、

2個ずつ、4つのグループに分けるか、

1個ずつ、8つのグループに分けるかのやり方がある。

16個の縞瑪瑙のほうは、

8個ずつ、2つのグループに分けるか、

4個ずつ、4つのグループに分けるか、

2個ずつ、8つのグループに分けるか、

1個ずつ、16のグループに分けるかのやり方がある。

　これで全部で、これ以外には均等に分ける方法は、ないってことに気づいてくれたかな？ そして、さらにそれぞれのグループでは、何組のビーズに分けられているか、あるいは何個ずつの組に分けられているかを数えれば、それらが**約数**(因数または因子)全体を表していることになります。

この言葉の意味は?・・・約数

ある数の約数とは、その数を均等に（余りなしで）分けることができる整数のこと。たとえば、16 の約数は、1, 2, 4, 8, 16 です。3 の約数は、1 と 3。その数自身と 1 は、いつでもその数の約数になってるわけです。

さぁ、わたしたちが調べた二種類のビーズのグループ分けを参考にして、24 個のビーズを全部使った場合、どんなブレスレットのデザインが可能か、そのうちのいくつかを次に見てみましょう。

ほら、16 個の縞瑪瑙を全部使おうと思うと、均等な 5 つのグループには、分けられないでしょう？（とにかく、できるかどうか、自分で試してみて！）5 つに分けようとすると、どうやっても足りないか、余りができてしまうでしょう？ これは、なんでかというと、5 では 16 を割り切ることができないからなの。つまり、5 は、16 の約数じゃないっていうことです。

> **みんなの意見**
>
> 「数学は、頭を常に活性化させてくれる。そして、頭のいい人は、頭を鍛えていない人たちに比べてずっと多くのことを人生で成し遂げることができる。絶対。」ジーナ（12歳）
>
> 「賢い女の子は、自分のことをよくわかってて、自己管理ができてる。そういう子たちは、価値観がはっきりしてるし、道徳心もあって、それをきちんと守ってる。そして、考えてから行動するし、いつも何かもっと学ぼうとしている。わたしは、そういう賢い女の子たちに憧れるわ。」マリマー（18歳）

きっともう学校で、約数や素数のことは教わったと思うけど、ちょっとここで、復習しておきましょう。なぜかというと、約数や素数の背後にある考え方が、この本のあとからでてくるテーマにとても役立つからなのです。

素数…そしておサルさんたち

ビーズの数によっては、どうがんばっても均等に分けられない数があることに、気づいたかな？ 小さい数でいうと、2, 3, 5, 7 なんかがそうだけど。こういう数は、1と自分自身しか約数として持たない。もっと大きな数でもそういうのがあるのです。53とか、101もその仲間です。101が均等には分けられないというのは、すぐには信じがたいかもしれないけど、これは、本当なのです！

わたしの中では、こういう数は、他の数に比べて、「進

1 素数と素因数分解　5

化」が足りないと思うことにしている。こういう数は、なんていうか、あんまり発達していない、わかるかな、わたしの言いたいことが。こういう数は、複雑じゃない。「原始的」と言おうか、おサルさんのように（おサルさんは、原始的動物の一種）。そして、だからこそ、こういう素朴な数を素数というようになったのね、きっと。

そうなのです。素数は、おサルさんととても似てるのです。まぁ、しばらくわたしの言うことを信じてついてきてください。オーケー？

この言葉の意味は？・・・素数と素因数
　素数は、1とそれ自身以外には約数を持たない数のこと。言い換えれば、どんな他の整数でも、均等には分けられない数のこと。小さい順から、2, 3, 5, 7, 11, 13, 17, 19, 23, 29 なんかが素数だけど、もっともっとたくさんあります（一番大きい素数っていうのは、存在しないんだって知ってましたか？　そうなのです、というのは、あなたがこれは一番大きい素数だと思ったとしても、それがどんなに大きな数だろうと、必ず、それよりも大きな素数をわたしが作り出せるという事実があるからなのです）。

　この本で扱っているよりも、もっと理論的な数学をするうえで便利だという理由で、1は、素数の仲間とは考えないことになっています。どうってことはない、

定義(そう決めた)みたいなものです。

　ある数の素因数というのは、それが素数で、しかもその数を均等に分けるものだってことが、わかりましたか。たとえば、3 は素数でしかも 12 の約数だから、12 の素因数ということが言えるけど、4 は、12 の約数だけど素数ではない(4 は、2 で割り切れる)ので、12 の素因数ではないわけです。

因数分解

　ある数を因数分解するとは、その約数を探すことといっしょ。とっても単純じゃないですか？ だから、大切なのは、「どうやってある数を均等に割る数を探すか」ってことです。たとえば、6 の約数は、1, 2, 3, 6 となる。なぜかというとこれらの数が 6 を均等に分けることができるものだからです。

何人のゲストに、何本ずつ口紅を配るか？

　ハリウッドの催しでゲストに配られるお土産の中身は、ときどきすごいのがある。一つのお土産袋の中に、複数の超一流メークアップセットが、入っていたりする。
　さぁ、あなたがあるイベントのお土産袋の中身を決める責任を負わされていて、余分の口紅が 18 本あり、あなたの好きにどの袋に入れてもいいという場面だったとしましょう。たとえばあなたは、18 の因数分解で、18 ＝ 9×2 のようにも

> できます(二つのお土産袋に9本ずつ、または、九つの袋に2本ずつ割り当てる)。
> あるいは、$18 = 6 \times 3$ を使う(三つの袋に6本ずつ、あるいは、六つの袋に3本ずつ入れる)。
> もちろん1本ずつ、18個の袋に入れることもできるし、18本全部を一つの袋に入れて自分の家に持ち帰ることもできます。この場合は、$18 = 1 \times 18$ という18の因数分解をつかったことになります。
> ブレスレットの例でも見たように、ここでも因数分解は、どうやっていろいろなものを均等に分けるかということに話が行き着くわけです。

ある数を因数分解するには、いくつかの方法があります。もしあなたが、ある数の約数を全部知りたいときは、その数を割り切る数を全部書き出す、長いリストを作ってもいいですね。たとえば、16を素因数分解したいときは、1, 2, 4, 8, 16のように書き出せる。なぜかっていうと、それらが16を均等に割り切るすべての数を表しているから。あるいは、18を因数分解したいときは、1, 2, 3, 6, 9, 18と書き出せます。なぜかというと、ここに書き出した数が、18を均等に割り切るすべての約数をカバーしているからです。

約数の木

ここでわたしが紹介したいのは、個人的に「約数の木」と呼んでいる、因数分解や素因数分解をするときに大変有効な方法です。

おサルさんたちが、木の枝の一番低いところでブラブラするように、素数も因数分解の木の一番下にぶらさがっているのです。(ところで、お猿さんのことは、「わたしを信じて」って言ったこと覚えていますか？ ここまでくると、わたしを信じててよかったと思いませんか？) たとえば、30 という数を因数分解したいとしましょう。

　30 から 2 本の小さな枝を出して自分に、「どんな二つの数を掛けると、30 になるかな？」と、問いかけてみて。ああ、15 と 2 がある。

　そうしたら、その二つの新しい数に対して同じ質問をしてみよう。15 に対しては、3 と 5 の積に分けられます。でも、2 は、1 とそれ自身しか分けようがないから、2 は素数に違いない。その通り、おサルさんといっしょ。さておサルさんは、丸で囲むようにすると、後でわかりやすいです。

　では、3 と 5 はどうかな？ どちらも素数だから、丸で囲みましょう。

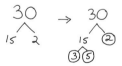

　さぁ、これで 30 の素因数分解が、その素因数 2, 3, 5

とできた。一丁あがり！

 ここがポイント！　ある数に対して、あなたがどんな風にその数を分解していったとしても、いつも、まったく同じ素因数に落ち着きます。（もちろん、途中で計算間違いをしなければの話だけど！）

　さぁもう一度、30 を今度は違う約数から出発して、素因数分解してみましょう。
　まず、はじめに前と同じように、「どんな二つの数の掛け算が、答え 30 になるかな？」と、自分に問いかけることから始めましょう。
　さて今回は、「5 と 6 を掛けると 30 になる！」と答えたとしましょう。5 は素数なので、もう、丸をつけてもいいでしょう。じゃ、6 はどうかな？　これは、2 と 3 に分けられるでしょう。

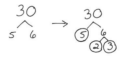

　丸で囲まれた数は、どれも素数なので、これでできあがり！　そして、30 の素因数として、以前にやったときと同じ 2, 3, 5 を得ることができました。（これって、なんとなく安心でしょう。どう分解の木を始めても、間違えない限り、いつも同じ素因数に行き着くんだっていうことを知ってるだけでも、気分がいいものです。）

ときどき、「ある数を素因数の積で表しなさい」という問題があると思うけど、これは、素因数分解と呼ばれるものです。

この言葉の意味は？・・・素因数分解

素因数分解は、ある数をその素因数の積として書き表したものです。たとえば 30 の素因数分解は、$30 = 2 \times 3 \times 5$(普通、素因数は、小さいほうから大きいほうの順に書きます)となる。特に断らない限り、素因数分解と言えば、すべて素数に分解され、それらの積は、もとの数に等しくなければならない。

ここがポイント！ 30 の素数でない約数は、いくつかの素数を掛け合わせることによって得られることに注意しよう。そうやって得られた約数は、素因数ではないが、約数にはなっている。たとえば、2×3 で 6 が得られるが、これは 30 の約数である。あるいは、3×5 として 15 が得られるが、これも 30 の約数である。また、2×5 から 10 が得られるが、これも 30 のもう一つの約数である。これらのどの数でも、30 を均等に分けることができるでしょう？ ということは、これらは、約数だということを意味しています。

 練習問題

次の数について、約数の木を使って、おサルさん、じゃなくて、えーと、素因数を丸で囲んで素因数分解を見つけましょう。わかってますか、たいていの約数の木は、一通り以上やり方があるから、それぞれ違う木のように見えても、正しい素因数を見つけ出す限り、あなたは大丈夫。最初の問題は、わたしが解きましょう。

1. 72

解：九九の表から $8 \times 9 = 72$ が思い出せるから、まず、そこから、はじめることにします。

答え：$72 = 2 \times 2 \times 2 \times 3 \times 3$。以上。

2. 15
3. 75
4. 100
5. 48

芸能界にインタビュー！
「僕は、頭のいい女の子が大好き。女の子と知的な会話ができるってことは、どんなときでも助けになるよ。」デボン・ワークハイザー、ニケロデオンの「ネッドの公開学校サバイバルガイド」にネッド役で出演。

約数	その約数を持つかどうか、簡単約数テスト
2	一の位が偶数であればよい。たとえば、99,999,994 は一の位が 4 で偶数だから 2 で割り切れる。
3	各位の数の和が 3 で割り切れればよい。たとえば、270 は 2＋7＋0 ＝ 9 が 3 を約数にもつので 3 で割り切れる。
4	最後の二桁の数が 4 を約数にもてばよい。たとえば、712 は最後の二桁である 12 が 4 を約数にもつので 4 で割り切れる。
5	一の位が 0 か、5 であればよい。たとえば、765 は一の位が 5 なので 5 で割り切れる。
6	約数 2 と約数 3 の条件を満たしていればよい。たとえば、504 は、偶数であり、5＋0＋4 ＝ 9 なので 3 を約数にもつ。したがって、504 は 6 を約数にもつ。
8	最後の三桁の数が 8 で割り切れればよい。たとえば、70,008 は 008 が 8 を約数にもつので、8 で割り切れる。
9	各位の数の和が 9 を約数にもてばよい。たとえば、981 は 9＋8＋1 ＝ 18 が 9 を約数にもつので、9 で割り切れる。
10	一の位が 0 であればよい。たとえば、111,110 は一の位が 0 なので 10 を約数にもつ。

(7 や 11 にも約数テストがあるけど、ちょっと厄介です。)

簡単約数テスト

より大きな数を試すときは、約数の木をどうはじめるか、むずかしくなることがあります。たとえば数 384 をはじめるときは、2 ではじめることができるでしょう、偶数だから。でも 567 とかだったとすると、どうかな？

そうね、あてずっぽうにいろいろ試して、うまくいくことを祈るという手もあるけど、時間がかかりそうだし、

なんといっても数学の宿題に無駄な時間を使うのは、だれでも避けたいでしょう！ そうではなくて、ここに簡単約数テストのコツを紹介しましょう。これを使えば、即座に、数の約数をみつける助けになります。

いったんこのやり方を覚えると、約数をみつけるのが、超、速くなります。一番役に立つのは、2，3，5 を約数に持つときの見きわめ方かな。一番頻繁に使うと思います。わたしは、9 の約数の見つけ方が大好きです。

この約数テストを使うと、567 は、5＋6＋7＝18 なので、9 を約数に持つことがわかるわね！ 実際、567＝9×63 だから、約数の木を使うと、素因数分解は、567＝3×3×3×3×7 となるでしょう。そう悪くないでしょう？

練習問題

次の大きな数を約数の木を使って素因数分解しなさい。そのとき、約数テストの表を役に立ててください！ 約数の木で、素数を丸で囲むことを忘れないようにしましょう。約数の木の作り方は一通りではないけど、丸で囲まれた素数は、解答欄のものと一致するはずです。はじめの問題は、わたしがやりましょう。

1. 216

解：わたしは、各位の数を足して 3 または 9 を約数に持つかどうかを見るのが大好きなのです。さて、2＋1＋6＝9 だから、やっぱり 9 を約数に持つので、9 で割ることか

ら約数の木をはじめましょう。216を9で割ると24なので、9は3×3、24は3と8に分けられ、8は2×2×2だから、素因数分解は3×3×3×2×2×2と、けっこう単純にできました。

2. 105
3. 540
4. 1134

この章のおさらい

- 素数は、約数が1とそれ自身だけの数のこと。他のどんな数でも均等に分けることはできないのです。むしろ、「素朴な」数といったほうがいいでしょう。

- 約数は、均等に他の数に分けることができる整数のこと。約数が素数でもある場合には、素因数と呼ばれる。約数の木の枝先で、ぶらさがっている「おサルさん」を想像してみて。それが素因数だから、丸で囲んでおきましょう。おサルさんは、丸で囲まれるのが好きなのです。バナナもおサルさんの

好物らしいけど。

- ある数の約数の木をどうやってはじめていいかわからないときは、12 ページにある簡単約数テストを使うと、さっさとできるでしょう。

目標とする人（ロール・モデル）

　あなたがああいう人になりたいと思う人について、考えてみて。お母さん、お姉さん、それとも大好きな叔母さん？ あるいは先生かもしれないし、あなたのやっているスポーツのコーチかな？ あなたの人生の中で、なんでも全部あわせ持っていると思われるような女性──あなたがいつか、ああなってみたいと思うようなだれかを想像してみて。たぶん、彼女には、一つか二つ飛びぬけて素晴らしいことがあるのではないでしょうか。彼女は、一番の＿＿＿＿＿とか、いつも彼女は＿＿＿＿＿で成功しているようにみえるというように。彼女はいつも笑顔を絶やさないとか、彼女はいつもいいことを言うとか、彼女はいつも一生懸命働くとか。あるいは、彼女はいつも落ち着いて、判断力があるとか。

　こういう女性たちからあなたは学び、そしてそういう女性たちは、ただ存在しているという事実だけで、あなたが将来の自分を形づくる手伝いをしてくれているのです。わたしたちのロール・モデルのうちの何人かは、個人的に知っている女性だったり、あるいは、テレビやインター

ネットを通して知るようになった著名人かもしれません。

　あなたのロール・モデルのすべての人に共通して見られるのは、自信でしょう。この本を通してあなたは、わたしが尊敬する素晴らしい女性たちの実際の人生経験談を読むことになるでしょう。

　そうして、彼女たちがお互いに、共通に持っているものは何だと思う？　自分自身に挑戦することと、頭がいいと感じることからくる絶対的な自信でしょう！

② 最大公約数の見つけ方

　なるほど、それじゃ、このあいだまで熱をあげてた彼は、もう過去の人になってしまったのでしょうか。もう完全に彼のことは卒業したのですか。そして今度は、別の一目ぼれってわけ——そして、気分は最高なんですか！今度の彼は、もっとずっとあなたのタイプに近いということですか？　彼は背が高くって、おもしろくって、髪の色が茶で、えくぼがあって…考えてみると、彼はこないだの彼に似たところがたくさんある。ちょっと待って。たぶんあなたは、彼が、元の彼を思い出させてくれるからというだけで好きになったのでは、ないでしょうか？

　あなたは、以前の彼を忘れたと思っただけで、たぶん、まだ忘れていないのかもしれませんね。前の彼と今度の彼では、どのぐらい共通点があるのか、調べてみましょう。何もきわだったことが見つからないとしても、あなたの、どんなタイプの彼が好みなのかを知る助けになるでしょう。あなたがだれかを魅力的と感じることには、いろんな要素があるはずです。たとえばどんな点があげられるでしょう？

前の彼：
<u>背が高い</u>、<u>髪の色が濃い</u>、緑色の目、<u>えくぼがある</u>、
<u>おもしろい</u>、サッカーをする、<u>笑顔がいい</u>
今の彼：
<u>背が高い</u>、<u>髪の色が濃い</u>、茶色の目、<u>えくぼがある</u>、
<u>おもしろい</u>、ピアノをひく、<u>笑顔がいい</u>

　ふたりの共通点には、下線を引きました。さて、あなたが魅力的と感じる共通点を全部書き出してみましょう。

　共通点：背が高い、髪の色が濃い、えくぼがある、
おもしろい、笑顔がいい

　この本を読んでいるあなた、今度は、あなたが実際の前の彼と、今の彼をくらべてみる番です。さぁ、ふたりの名前を書いて、どんなところに惹かれたか書いてみましょう。正直に書きましょう——一つや二つは共通点があるはずだから！

　　前の彼に魅力を感じた点：

　　今の彼に魅力を感じた点：

　次に、共通点に下線を引いたら、以下の空白にその共通点を書き出して見ましょう。

　　あなたが魅力を感じるタイプの共通点：

どう思う？　自分のタイプがみつかったかな？　前の彼のことは、卒業できてたかな？　もし卒業できていなくても、問題ありません。なかなか過去にできない思いもあるでしょう——わたしもそういうことがあったから、わかります。あなたの苦しい気持ちは、お察しします。それと似てるかもしれないけど、数学の宿題ができそうにないという苦しみもあります。しかし、信じられないかもしれないけど、数学のほうの苦しみは、恋に比べたら、ずっとずっと簡単に解決できるものなのです。

　人間と同じで、数にも共通点があります。もう一度、同じことをしてみましょう。今回は、30と12（前の彼と今の彼のかわりに）を使って。

　第1章で見た、約数を見つけるときのコツを頭において、その約数を全部（素因数だけでなく）書き出してみましょう。つまり、その数を均等に分けることができる数をすべてみつけましょう。二つの数についてそれができたら、共通に現れる約数に下線を引きましょう。ここで、1を書かなくてもいいことに注意して下さい。書いてもいいけど、必要ないから。

$$30 : \underline{2}, \underline{3}, 5, \underline{6}, 10, 15, 30$$
$$12 : \underline{2}, \underline{3}, 4, \underline{6}, 12$$
公約数：2, 3, 6

　そして、両方にふくまれる約数（公約数）のうち最大の数は、6でしょう。ところで、今わたしは、どうやって二つの数の最大公約数をみつけるかを披露したことにな

ることに気がついたでしょうか？ 30 と 12 の最大公約数
は、6 なのです。

言い換えると、6 は、30 と 12 の両方を均等に分ける
数のうち、最大の（一番大きい）数ということです。

> **この言葉の意味は？・・・最大公約数**
> 二つの数の最大公約数は、それらが共通
> にもつ最大の（もっとも大きな）約数のことを
> 言います。言い換えると、最大公約数は、両方の数を
> それぞれ均等に分けることができる数のうち、もっと
> も大きな数のことです。

ここがポイント！ 二つの数の最大公約数が
1 ということも、ときどきあります。（別のこ
とばでいうと、両方を割り切る数のうち、もっとも大きな
数が 1 と言う場合。）このときは、二つの数は、「互いに素
である」と言われます。たとえば、10 と 9 をかんがえてみ
て。両方に含まれる最大の約数が 1 なので、10 と 9 は、互
いに素になるわけです。

二つの数の最大公約数をどうやってみつけるかを知っ
ていると、のちのち、うしろの章で便利です（特に、可
約分数を既約分数に直すとき）。この章では、最大公約

数をみつける三つの方法を紹介しましょう。どのやり方も利点と弱点があるので、あなたが宿題をしたり、テストの問題を解いたりするときは、どれでも好きなものを使ってください。ではまず、前の彼と今の彼を比べるのに使った「一目ぼれ」法から始めましょう。

第一の方法：最大一目ぼれ公約方式

最大一目ぼれ公約方式（この名前は、あなたが覚えやすいように、わたしが勝手に作ったことばだから、数学の教科書には載っていません）は、比較的小さい数同士の最大公約数をみつけるときには、お奨め——でも、数が大きくなったときには、大きな数のすべての約数を考えること自体簡単ではないので、あまり役に立たない方法です。

ステップ・バイ・ステップ

最大一目ぼれ公約方式を使って、二数の最大公約数を求める方法：

ステップ **1.** それぞれの約数をすべて書き出す（でも、1 は含まなくてもよい）。

ステップ **2.** それらの約数のうち、両方に含まれるものに、下線を引く。

ステップ **3.** 下線を引かれた数のうち、最大の、つまり一番大きな数が、最大公約数です。

> 要注意！　最大一目ぼれ公約方式では、それぞれの数の全部の約数を書き出すことが重要です、素数だけじゃなくて。たとえば 30 の約数を書き出すとき、10 や 15 も忘れないようにね。この方法の最大の弱点は、人は、往々にしてそれぞれの約数全部ではなく、素因数だけを書き出してしまうことなのです。それで、結果的に間違った答えを出してしまうのです。失敗！

レッツスタート！　ステップ・バイ・ステップ実践

さぁ、実際にこの方法を使って問題を解いてみましょう。10 と 32 の最大公約数を求めます(約数を全部書き出すことを忘れないこと、素因数だけじゃなくて！)。

ステップ **1** とステップ **2** は、

$$10 : \underline{2}, 5, 10$$
$$32 : \underline{2}, 4, 8, 16, 32$$

ステップ **3** は、下線を引いた数の中で一番大きな数をみつければ、それが、わたしたちの探している最大公約数でした。ここでは、共通な約数は 2 だけですから、10

と 32 の最大公約数は、2 です。終わり！

 練習問題

最大一目ぼれ公約方式を使って、次の二つの数の組の最大公約数をそれぞれ求めましょう。はじめの問題は、わたしが解いてみせましょう。

1. 36 と 20

解：最初にそれぞれのすべての約数を書き出してみましょう。それから、共通な約数に下線を引きます。

$$36: \underline{2}, 3, \underline{4}, 6, 9, 12, 18, 36$$
$$20: \underline{2}, \underline{4}, 5, 10, 20$$

一番大きな共通の約数は、4 になります。

答え：36 と 20 の最大公約数は、4 です。

2. 70 と 14
3. 100 と 30

「わたしには、数学は大きな挑戦のように思えます…でも、とにかくやり続けていたら、ここ三年だけでもずいぶん進歩したように思います。」レベッカ (14 歳)

「わたしは、数学がきらいだった。何かわからないことがあると、ストレスがたまって泣いたりしたこともあったけど、いい先生たちにめぐり合えたことが助けになって、今では、数学を楽しんでいます。」ジョセリン (17 歳)

みんなの意見

第二の方法:おサルさん掛け合わせ方式

次の方法は、第1章でおサルさんがぶらさがってる約数の木を使ったけど、それを使うので、おサルさんの掛け合わせ法とでも呼んでおきましょうか。(第1章では、素因数をおサルさんと思いたいということを説明しました。なんといっても、おサルさんは、粗野、素朴、素数、わかったかな?)

ステップ・バイ・ステップ

おサルさん掛け合わせ方式を使って、二つの数の最大公約数をみつける方法:

ステップ1. 両方の数について、約数の木を書いて、素数を丸で囲む。(このように、おサルさんが木の一番したのところにぶらさがっているでしょう。)

ステップ2. 二つの素因数分解に共通している素数に下線を引く。もし、共通な素数がなければ、最大公約数は1となる。

ステップ3. 共通に現れる素因数を、繰り返しも含めて、全部リストに書き出しましょう。

ステップ4. このリストにある共通素因数を全部掛けて得られる答えが、最大公約数でーす! もし、一つしか共通素因数がない場合は、それ自身が、最大公約数です!

2 最大公約数の見つけ方 25

スタート！ ステップ・バイ・ステップ実践

さぁ、20 と、24 の最大公約数をさがしてみましょう。

ステップ **1.** それぞれの数で約数の木をはじめて、素因数には丸をしましょう。(いいですか、素因数は、枝先にいるおサルさんたちと一致します。それらは、素数であって、もうこれ以上分けられない数のことでした。)

ステップ **2.** 両方の数に共通な素因数に下線を引きましょう。さてと、両方に 2 が、2 回あります。それから…それだけです。

ステップ **3.** ということは、共通な素因数として、2 と 2 を書き留めましょう。

ステップ **4.** 2×2 で答えが出ます。20 と 24 の最大公約数は、4 です。言い換えると、20 と 24 の両方を均等に分ける数のうち一番大きな数は、4 となります。

要注意！ このおサルさんの方法では、あなたのリストに、共通素因数のすべてを書き出す(ステップ3)ことを忘れないで下さい。繰り返しも含めましょう。たとえば、両方の約数の木が3を四つずつ持っているとしたら、最大公約数を計算するときに、全部で四つの3を含めて書き出すことに注意しましょう。

しかし逆に、書き出しすぎることにも注意しましょう。たとえば、それぞれの約数の木が5を一つずつしか持っていない場合は、丸で囲まれた5は、合計で二つあなたのノートに書いてあったとしても、共通素因数のリストには、5は一回だけ書き留めるのが正しいのです。

だから、ステップ・バイ・ステップでは、ステップ3として、両方の約数の木に共通なものだけを書き出すという段階をわざと設けて、混乱しないようにしてみました！

練習問題

24ページのステップ・バイ・ステップにしたがって、おサルさん掛け合わせ方式を使って、最大公約数を求めましょう。はじめの問題は、わたしがしてみましょう。

1. 52 と 200 の最大公約数は、いくつでしょう？

解：まず、約数の木を作りましょう。うーん、52 は、掛け算九九の表にはでてこないけど、とにかく偶数なのはわかるから、2 で割ることからはじめてみたいと思います。ちょっと待って、52 は 4 でも割れそうだから、4 で割ってみて、13 という素数が得られます。

次に、200 は、10 と 20 に分けることから始めればいいでしょう。

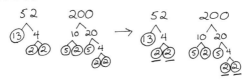

いつものように、木の枝の素数を丸で囲んで、両方の木に共通な素因数に下線を引くと、どうやら、2 本の木に共通な素因数は、2 と 2 だけのようです。その二つを掛けて、$2 \times 2 = 4$ と答えがでます。

答え：52 と 200 の最大公約数は、4 です。

2. 90 と 135 の最大公約数は、いくつでしょう？

3. 200 と 75 の最大公約数は、いくつでしょう？

第三の方法：ウェディング・ケーキ方式

　　　　　　　　　近道を教えるよ！
　ウェディング・ケーキ方式は、わたしのお気に入りの方法です。なぜなら、二つの数がどんなに大きくても、速くて確実に最大公約数を求めることができるからです。わたしが思うに、この名称の由来は、計算したあとにできる形が、段々になったケーキをさかさまにしたように見えるから。ほら、ケーキの一段一段と、クリームの部分が数字でできているような？（これは、わたしが名づけたわけではありません！　はい、はい、"おサルさん掛け合わせ方式" も、それほどシェークスピアのようには文学的とは言えないのは認めます。）

　たいていの数学の問題の近道的なやり方といっしょで、この方法は、とっても速く答えがでます——答えがでたときには、ちょっとしたマジックを見ているような気持ちになるかもしれない。"一目ぼれ法" や "おサルさん法" をはじめに紹介した理由の一つは、ここにあるのです。なぜかというと、二つの数の最大公約数が実際にどういうものなのかをはっきり理解しておくことが、あとからでてくる数学の問題を解くときに、とても大事になってくるからです。あなたが本当に、最大公約数は

二つの数を均等に分ける最大の約数なんだと理解してからなら、ウェディング・ケーキのほうに移動してもいいし、なんなら、食べてしまってもいいわけです！

　ウェディング・ケーキ方式がどんなものか、お目にかけましょう。たとえば、24 と 18 の最大公約数を求めたいとしましょう。二つの数を横に並べて書いたあと、小さな棚というか、ケーキの段を数字の左上からはじめて下のほうに書きましょう。それから、両方の数を割り切る数を何か選びます。

　たとえば、それが 2 だったとしましょう。2 を脇に書いて、それぞれを 2 で割った答えを次の段、つまりそれぞれの数字の下に書きましょう。24 と 18 を 2 で割ると、12 と 9 が得られます。さぁ、新しい段をつけて、これを繰り返しましょう。12 と 9 の両方を割る数（公約数）には、どんなものがある？ 3 は、どうでしょう？

$$\underline{|24\ 18} \quad \rightarrow \quad 2\underline{|24\ \ 18} \quad \rightarrow \quad \begin{array}{r|rr} 2 & 24 & 18 \\ 3 & 12 & 9 \\ \hline & 4 & 3 \end{array}$$

　そして、もっとも新しい段にある 3 と 4 の公約数は（1 以外には）何もないので、ここでストップします。

　さて、何が最大公約数だと思いますか？ 脇にある数を掛けてみると、2×3 = 6 となります。それで、24 と 18 の最大公約数は、6 と求めることができました。

ここがポイント！ あなたが、ケーキの段で割るときの約数は、素数でなくてもいいのです。どんな約数でも、二つの数の公約数であればどれでもいいわけです。（たとえば、上の例で言ったら、はじめの段に、6を持ってきてもいいのです。）この点が、ウェディング・ケーキ方式が他の方法よりも簡潔な理由です。

ステップ・バイ・ステップ

ウェディング・ケーキ方式で、二つの数の最大公約数を求めるやり方：

ステップ 1. 二つの数を横に並べて書く。

ステップ 2. その二つの数の下に、小さな棚または、段をつける（前ページの図参照）。二つの公約数をみつけて、棚の左脇に書く。それから、その公約数で割った、それぞれの商をそれぞれの数の真下に書く。

ステップ 3. 新しいケーキの段にステップ2を、何度も繰り返し、最新のケーキの段が、これ以上(1以外)の公約数をもたなくなるまで続けます。

ステップ 4. どれが最大公約数か、わかりますか？ 左脇の公約数を掛けたものが、その答えです。

スタート！ ステップ・バイ・ステップ実践

72 と、180 の最大公約数を求めてみましょう。

ステップ 1. さぁ、二つの数を横に並べて書きましょう。

ステップ 2. ケーキの段をつくりたいけど、うーむ、72 と 180 の公約数は何かな？ 両方とも偶数だから、2 ではじめることもできるけど、$1+8+0=9$ だから、9 は、9 を約数にもつから、180 も 9 を約数にもつことに気がつくかもしれません(12 ページの簡単約数テスト参照)。それから、わたしの掛け算九九の表から、$8 \times 9 = 72$ がわかるので、ケーキを 9 で割りましょう。

ステップ 3. さぁ、続けます。8 と 20 の公約数の一つは 4 となるので、4 を次に使ってみましょう。

$$
\begin{array}{r|rr} 9 & 72 & 180 \\ \hline & 8 & 20 \end{array} \quad \rightarrow \quad \begin{array}{r|rr} 9 & 72 & 180 \\ 4 & 8 & 20 \\ \hline & 2 & 5 \end{array}
$$

ここで、2 と 5 が最後の段に残って、両方を割り切る 1 より大きな約数はないので、ここで段を作るのは止めます。

ステップ 4. 左脇にできた数を掛け合わせることで、

最大公約数 9×4 = 36 が、求められました。(もちろん、2 から始めることもできました。ただ、段の数が増えるだけで、最大公約数に違いはありません。信じられないって？ じゃ、試してみて！)

ここがポイント！ もし、三つ(または、それ以上)の数の最大公約数を求めたいときも、ウェディング・ケーキ方式は、問題なく使えます！

練習問題

次の数の組の最大公約数を、ウェディング・ケーキ方式を使って求めましょう。はじめのは、あなたのために、わたしがやって見せましょう。

1. 104 と 78

考え方と解き方：一目で、両方とも偶数とわかるから、2 から始めましょう。104 と 78 を 2 で割ると、52 と、39 と答えが出ます。次に、3 + 9 = 12 が 3 を約数に持つことから、39 も 3 で割り切れることがわかります。でも、5 + 2 = 7 は、3 を約数に持たないから、52 は、3 では割り切れません(覚えてる？ 例の簡単約数テストは、3 と 9 にしか使えないのでした)。さらに、詳しく調べてみましょう。他に、52 と 39 はどんな約数を持つのでしょう？ 39 を 3

で割ると、13 が答えですが、これは素数です。13 は、52 を割り切るでしょうか？ やってみるとわかるけど、13 は、52 を均等に割り切ります。実際に、$13 \times 4 = 52$。（もしトランプをしたことがあれば、気づいたかもしれないけど、トランプは 52 枚一組で、4 種類のカードが、13 枚ずつあるのです。だから、ラスベガスのブラックジャックをするディーラーたちみんな、$4 \times 13 = 52$ なんだってことを知っています。ほら、あなたも今、気がついたでしょう！）

$$\begin{array}{r|rr} 2 & 104 & 78 \\ \hline & 52 & 39 \end{array} \quad \rightarrow \quad \begin{array}{r|rr} \boxed{2} & 104 & 78 \\ \boxed{13} & 52 & 39 \\ \hline & 4 & 3 \end{array}$$

すると、4 と 3 が商となり、両方を割り切る数は 1 以外にないので、ここで止めます。左脇の数を掛けて、$2 \times 13 = 26$ となります。

答え：104 と 78 の最大公約数は、26！

2. 80 と 104

3. 48 と 51（ヒント：はじめに各々桁の数を足して、簡単約数テストのトリックが使えるか、試してみて下さい！）

4. 54 と 180 と 90

 この章のおさらい

- 二つの数の最大公約数は、両方の数を均等に分ける

数のうち、最大の(一番大きな)数のこと。

- 最大一目ぼれ公約方式で最大公約数をみつけるときは、両方の約数をすべて書き出してから、共通の約数のうちで一番大きな数をみつけましょう。

- おサルさん掛け合わせ方式では、はじめに約数の木を作って、両方の木に現れる素因数のリストを作ります(繰り返しのある素因数も含めること)。それから、そのリストにある素因数を全部掛ければ、最大公約数が求められました。

- ウェディング・ケーキ方式で最大公約数を求めるときは、二つ(または、それ以上)の数の下に、段々を作っていきます。いろんな公約数でその二つの数を割っていくうちに、もう公約数がなくなったら、左脇の数を全部掛けて、でてきた答えが最大公約数です。この方法が、たいていは一番速くできるので、わたしのお気に入りです。

先輩からのメッセージ
　　　　　ジェン・スターン(カリフォルニア州、ロサンゼルス)
過去:数学恐怖症の生徒!
現在:小学校教員(四年生担当)
　子どものころ、数学は、大嫌いだった!わたしは、どうしてもものわかりの悪い、「わかった」って思えない、子ども達のうちのひとりだったのです。高校生のときは、ほとんどの期間、家庭教師についていました。感謝したいことには、どの

家庭教師もわたしにがまん強く付き合ってくれて、みんな、わたしが何も理解できない完全に頭の悪い子のようには、感じないですむようにしてくれました。

特別に覚えている数学の思い出というと、高校二年生のときに教わった三角関数の家庭教師が、とっても親切で、わたしのことをよく理解してくれたことです。たとえ何百回となくわたしに教えてくれたことでも、その女の先生は、まるではじめてわたしに説明するかのように接してくれました。

ついにある日のこと、家庭教師をしてもらっている間に、頭の中に、電球がぱっとついたようになって、——何もかも、収まるところに収まったというふうに、理解できたのでした。わたしは、もう、うれしくてしかたがありませんでした。本当にわかったんですから！ 次の数学の試験では、満点をとりました。もうほんとに、自分を誇りに思いました、そして、その家庭教師の先生も同じように感じていることが、わたしにも伝わってきました。

現在、わたしは、とても楽しく四年生を教えています。数学を、毎日のように使っています。わたしはね、四年生のカリキュラムにある数学を教えるだけではなく、わたしが教えている他の教科にも、できるだけ数学を取り入れるようにしています。たとえば、英語のクラスで物語を読んでいるとき、誰かの生年月日がでてきたりすると、生徒に、「さぁ、この人は、今では何歳になっているでしょう？」というふうに質問することにしています。こんなふうに、些細なことでも、日常のそこかしこに数学がひそんでいることを、わからせるようにしています。

ここでの教訓は、たぶん、「あきらめないで、続けてみよう、きっとあなたにもいつか、"わかった"って言えるときがくる！」

倍数と最小公倍数

　わたしの妹、クリスタルは、ニューヨーク市で働くやり手の弁護士で、ファッションのセンスが抜群にいいのです。特に、靴には、いつも気を配っていて、VIA SPIGA(ヴィア・スピーガ)は、彼女のお気に入りのブランドのうちの一つです。

　去年の夏のこと、クリスタルの誕生日の数週間前だったと思うけれど、ネットで、黒とクリーム色の、思わず'クリスタルにぴったり'と叫びたくなるようなヴィア・スピーガの靴を見つけたことがありました。——だから、それを早速、注文しました。しばらくして、届いた贈り物を開いたクリスタルは、大笑いしたそうです。なぜなら妹のクリスタルは、自分でもまったく同じ靴を一週間前に買ったばかりだったからです！

　わたしは、たぶん、彼女が靴を返品するんだろうと思っていたら、うれしいことに、にっこり笑って「え、まさか。返品したりしない。わたしはこれが大好きだから、ダブって(もう一足)持っていたい。そうすれば一方がくたびれてきたとき、もう一足のほうが履けるから。」

　わたしはそれを聞いて、うれしくなりました！　そし

て、わたしも洋服ダンスの中にいくつか、ダブって持っているものがあることに気づきました。Ｖネックのシャツが四枚（色違いで）あるし、お気に入りの黒のタイツが五足と、それから同じグレイのタンクトップを三枚持っています。クリスタルに見習って、この次、黒の完璧なハイヒールを見つけたときは、たぶん、ダブって買うことになるでしょう。（それなら、何にでも合うからです。ジーンズとでもいいし、'かわいい黒のドレス' とでもいいし。）

　それで考えはじめたことは、もし、完璧なハイヒールを見つけたら、いったい何足買えばいいでしょう？　わたしの靴箱のスペースにも限りがあるから、いったいそこに何足収納できるか、考えないといけない。もしわたしが二足買えば、靴は、合計で４つでしょう？　そして、もし三足買えば、靴は合計で６つあることになる。もし誰かが、'完璧な' 黒のヒールを見つけて、どれだけ買い物をしてもいいとなったら、その靴の数はどれかの２の倍数：２，４，６，８，１０，１２，１４，… になる。14個のまったく同じ靴が、あなたを見返してる風景が想像できる？もし、あなたが同じ靴を七足買ったとしたら、そういうことが起こるのです！

　一般に、'ダブる' というのは、「特別な何かが、一つ以上ある」という意味を指します。数学では、'ダブる' または '倍数' というのは、「ある特殊な数が、一つ以上ある」ことを、意味しています。

3 倍数と最小公倍数　39

この言葉の意味は？・・・倍数

倍数は、二つの自然数の積である。たとえば 2 の倍数には、2, 4, 6, 8, 10 などが、ある。

3(わたしお気に入りの数)の倍数には、3, 6, 9, 12, 15 などが、ある。これは、

$$3×1=3, 3×2=6, 3×3=9, 3×4=12, 3×5=15$$

のようにして、見つけることができます。わかったでしょうか？ 上のように、3 の倍数を求めるには、3 にいろいろな数を掛けていけばいいのです。同じように 8 の倍数も、8 にいろいろな数を掛けていくことで見つけられます。たとえば 8 の倍数には、8, 16, 24, 32, 40, 48, 56, 64, 72, 80, 88, 96, 104 などがあります。

練習問題

次の数の倍数のうち、小さいほうから 10 個ずつ並べましょう(本の後ろにある掛け算九九の表は見ないでも、できるようにがんばりましょう)。一番最初のは、わたしが、お手本を見せてあげましょう。

1. 4

答え：4, 8, 12, 16, 20, 24, 28, 32, 36, 40

2. 5

3. 7
4. 12

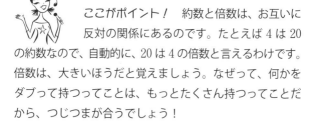

ここがポイント！　約数と倍数は、お互いに反対の関係にあるのです。たとえば 4 は 20 の約数なので、自動的に、20 は 4 の倍数と言えるわけです。倍数は、大きいほうだと覚えましょう。なぜって、何かをダブって持つってことは、もっとたくさん持つってことだから、つじつまが合うでしょう！

> 「頭のいい女の子たちは、ありのままの自分でいるということを、恐がったりしてはいないわ──少なくとも、そうではない普通のわたしたちが恐れるようには、恐れてはいないわ。わたしが思うに、女の子たちはよく自分たちの弱さの陰に隠れたり、わざと頭の悪いふりをする。それはもし彼女たちが、本当の彼女たちのことを知ったら他の人たちがどう思うか、心配しているからでしょう。頭がよくないように振る舞うのは、一種の防衛手段なのです。でもね、わたしがついにわかったことには、もし本当のあなたを愛せない人は、それが友達だったら本当の友人ではないし、それがボーイフレンドだったら、本当のパートナーではない、どんな人であれ、あなたにとって大事な人だとしたら、その人は、その役にふさわしくないということです。」
> マディー（12 歳）

みんなの意見

最小公倍数

さて、二つの数の倍数をそれぞれ書き出してみると、お互いにいくつか同じ倍数を持っていることに気がつくかもしれません。たとえば、6 と 9 の倍数を少し書き出してみましょうか。

6：6, 12, <u>18</u>, 24, 30, <u>36</u>, 42, 48, <u>54</u>, …
9：9, <u>18</u>, 27, <u>36</u>, 45, <u>54</u>, 63, 72, 81, …

ここまででも、18, 36, 54 が、共通に含まれていることに気がつくでしょう。もっと続けたら、共通な数が、もっと見つかるでしょう。でも、そのうちでも一番小さいのは、18 だとわかります。

この言葉の意味は？・・・最小公倍数
　最小公倍数は、二つの数が共通に持っている倍数のうち、一番数の小さいものを指します。

ここがポイント！　もしも、二つの数が共通の約数を持たないときは、その二つの数の最小公倍数は、二数の積になります。たとえば、

4：4, 8, 12, 16, <u>20</u>, 24, 28, 32, 36, <u>40</u>, 44, …
5：5, 10, 15, <u>20</u>, 25, 30, 35, <u>40</u>, 45, 50, …

4と5は、公約数を持たない(言い換えると、この二つは互いに素)なので、二数の最小公倍数は、それらの積 4×5 ＝ 20 に等しいのです。ちょっと覚えておくと便利でしょう！

最小公倍数を知っておくことは、違う分母を持つ分数同士の足し算や引き算をするときに、とても役に立つ…第8章で、たくさん練習することになりますが。ということは、この辺で、近道を探しておくのがいいでしょうか？

近道を教えるよ！
ウェディング・ケーキ方式を使って、
最小公倍数を見つける方法

ある数の最大公約数を見つけるときに(28ページで)使った、ウェディング・ケーキ方式を覚えているでしょうか？ あのウェディング・ケーキ方式は、二数の最小公倍数を見つけるときにも有効です！

さて、ウェディング・ケーキ方式を使って、8と12を割ってみましょう。8と12の最大公約数を知りたいときには、そのケーキの横にある数を全部いっしょに、掛け算すればよかったのでした。さぁ、やってみましょう！ 2×2＝4で、最大公約数は、4です。

それでは、最小公倍数はどうやるのでしょう？ 絵をみるとわかるように、外側にある数たちが、L字型に並んでいます。

$$
\begin{array}{r|rr} 2 & 8 & 12 \\ \hline & 4 & 6 \end{array} \quad \rightarrow \quad \boxed{\begin{array}{r|rr} 2 & 8 & 12 \\ 2 & 4 & 6 \\ \hline & 2 & 3 \end{array}}
$$

さて、大きな L 字型をなしている数を全部掛け合わせると、$2 \times 2 \times 2 \times 3 = 24$ が、得られるでしょう。そして、8 と 12 の最小公倍数（LCM）は、24 なのです。その L 字型は、LCM（最小公倍数 Least Common Multiple）の L、と覚えておくことができるでしょう！

この方法が有効なことは、もともとの '全部の倍数を書き出していく' 方法を使っても、確かめられます。

8 : 8, 16, <u>24</u>, 32, 40, <u>48</u>, …
12 : 12, <u>24</u>, 36, <u>48</u>, 60, …

幸せなことに、まったく同じ答え、最小公倍数 24 を求めることができました！

テイクツー！ 別の例でためしてみよう！

さて、ウェディング・ケーキ方式を二つの数、4 と 5 に使ってみましょう。ウーム。何からも始められません。なぜって、4 と 5 の両方を割る数がないからです。待って、とにかく、1 では割り切れるんじゃない？ それを試してみましょう。

$$\underline{|45} \quad \rightarrow \quad 1\underline{|45}$$
$$45$$

　オーケー、あんまり生産的なことしてる気がしないでしょう？　とりあえず先に進めて、例の大きなＬ字型を作る数を掛け合わせて、何が出てくるか見てみましょう。

$$1 \times 4 \times 5 = 20$$

そして、41 ページの例から、20 が本当に最小公倍数であることは確認済みなので、これでいいのです。おめでとう！

　ここがポイント！　ケーキ方式は、三つ以上の数に対して最大公約数を求めるときにも使えるのですが、最小公倍数に対しては、一度に二つの数しか使えないことに注意しましょう！　なんといっても、もし三つの数があると、大きなＬ字型を作ろうとしたときに、もう横に長すぎて、Ｌの字にはならないでしょう？

　さらに別の例でためしてみよう！

　4 と 6 と 20 の最小公倍数を、ウェディング・ケーキ方式で求めてみましょう。ケーキ方式では、一度に二つの数しか扱うことができません。どの二つの数からはじめてもいいので、4 と 6 ではじめてみると、12 が出てき

ます。その次に、その 12 を使ってもう一度ケーキ方式を使うのですが、今度は、12 と残りの数、20 を使いましょう。それで、出てきた数が、はじめの三つの数全体の最小公倍数というわけです！ 答え：4 と 6 と 20 の最小公倍数は、60 です。

もし、ケーキ方式を三つの数にいっぺんに用いようとすると、とんでもないことになってしまうかもしれません。自分で試してみましょう！ この場合でいうと、数を掛けすぎて、120 という答えが出てきてしまうのです。これではいけませんね！

練習問題

次の数の組の最小公倍数を、はじめは、倍数を書き出して両方に出てくる倍数に下線を引くやり方で、次には、ウェディング・ケーキ方式で、大きな L 字型に沿って数を掛け合わせることで求めてみましょう。はじめのは、わたしがしましょう。

1. 6 と 8

解：はじめに、最初の倍数をいくつか書き出してみましょう。

$$6:6, 12, 18, \underline{24}, 30$$
$$8:8, 16, \underline{24}, 32, 40$$

答え：6 と 8 の最小公倍数は、24 です。
さあ、ウエディング・ケーキ方式でしてみましょう。

$$2 \underline{)6 \quad 8}$$
$$3 \quad 4$$

$2 \times 3 \times 4 = 24$

大きな L 字型に沿って数を掛け合わせることによって、$2 \times 3 \times 4 = 24$ になるから、最小公倍数は 24 です。見てわかるように、二つの方法で得られた答えは一致しています。よかった！

2. 9 と 12
3. 6 と 7
4. 4 と 16
5. 9 と 15

 この章のおさらい

- 数学では、ある数の倍数とは、その数にものを数えるときに使う数、1, 2, 3, 4, 5, … のような数を掛けて得られるものを指します。

- 約数と倍数は、お互いに反対の立場にありますが、いつも、倍数のほうが大きいのです。

- 二つの数の最小公倍数とは、両方に共通の倍数のうち一番小さい数のこと。その二つの数が、1 より大きな公約数を持たないならば、その二数の最小公倍数は、二数の積になります。

※ 二つの数の最小公倍数をみつけるのに、わたしは、ウェディング・ケーキ方式を使うことにしています。そしてもし、三つの数にそのケーキ方式を使いたい場合は、一度に二つずつしか使えないことを覚えておきましょう！（そうしないと、丸で囲んだ数が、Lの字には見えないでしょう！）

心理テスト1：あなたは、数学恐怖症？

　数学と聞いてどきっとしたり、恐怖心を感じたりしますか？「す」と言うことばを聞いた瞬間に、ぞくっとしますか？　さぁ、心理学が専門のロビン・ランドー博士がどんなことを言っているか、見てみましょう。博士の質問に答えて、あなたと数学の関係を診断してもらいましょう。

　1. あなたはちょうど数学のテストを終えて、友人とテストの結果についてどんなふうに思うか、おしゃべりしているところです。あなたは：

a. まったくだめだったわけではないというのは、わかっているけれど、まさにあなたが恐れていたように、一番理解できていなかった項目について、あまりにもたくさんの問題があったので、少し落ち込んでいる。

b. 自信がある。あなたは勉強したし、できるだけの準備はしたと感じながら登校し、ベルが鳴る前にそのテストを終わらせていた。不注意なミスをたくさんしない限り、あなたはうまくいったと思う。

c. テストについて、話すこともできない。それを話題にしたくないと顔に書いてあるのが、人に悟られないか、心配している。

2. あなたは、あなたの学校で生徒会活動を活発に行なうことが好きで、現在クラス代表である。あなたの親友のひとりが生徒会長で、ある日のこと、彼女から電話で、今年度、会計をしてくれている人がやめなければならないので、あなたに年度の残りを代行してもらえないか、頼んできました。その会計係は、すべてお金の計算は任されている。つまり、それは数学をするということです。あなたは：

a. 失礼にならないように、「とてもできない」ということを伝える。親友が困っていることはわかるけど、あなたは、この仕事には向かない。

b. 躊躇する。数学は得意ではないけれど、もし難しくなったら、アドバイスを求める人はたくさんいる。そしてあなたは、みんなのために、あなたの仕事を成功させたいと思っている。最終的には、あなたは会計係を引き受ける。

c. 彼女に、あなたがそれを引き受けると言う。まかせて！

3. あなたには今夜、全部のクラスで山のような宿題がある。そして、実際にどこから始めていいのか、確信が持てない。あなたは：

a. 数学から始める。あなたは、公式などを覚えなければならないときに、あまり疲れ切った状態にはなりたくない。特に、今日のように時間がないときには。勉強

の最後には、それをざっと復習する時間さえ、みつからないかもしれない。

b. 数学を最後の最後まで避ける。どうしてあなたの夜の時間を、難しいことから始めなければいけないのでしょう。あなたは実際、とにかく、なにをどうしていいのかわからない。

c. 数学の宿題が、かばんの中からのぞいているのは見えるけれど、他の教科から始める。あなたは、おいおい数学の宿題をすることはわかっているけれど、やさしい教科を先にすませたほうがいいと思う。

4. 昼食の時間、横にすわったかっこいい男子生徒が、この次、あなたが友人たちとアイススケートに行くとき、彼にも声をかけられるように、電話番号を教えてくれようとしている。ところが、書くものをもっていないことに気づいたあなたは:

a. できるだけその番号を覚えようとする。しかし、あなたの番号も彼に知らせる。どちらか一方が番号を覚えているだろうから。

b. 頭の中でその番号を復唱するか、自分で番号を押すところを想像して自分の記憶を助ける。近くのテーブルで、ペンをもっている友人をみつけて、それを書き留める。

c. その番号を記憶するふりをするが、とても覚えられないだろうと自覚する。あなたの親友のお母さんが、彼のお父さんと職場がいっしょなのを思い出し、その方面から彼の番号を探ろうと思い巡らす。

5. 一時間目の数学の時間。先生が抜き打ちの小テストをすると宣言したところ。あなたは、昨夜遅い帰宅で、数学の宿題を終わらせるのがやっとで、ノートの見直しなどできなかった。さて、あなたは：

a. 深呼吸をし、自分に、全力をつくすしかないと言い聞かせる。それ以外に、何ができるでしょう。

b. 緊張する。あなたは数学のこのトピックは苦手で、抜き打ちの小テストなんて、もういっかんの終わり。数分後あなたは、目を閉じて昨日の数学のクラスで何をしたか、すべて思い出そうとする。そして、急いでテストに目を通して、そのうちのいくつかはどうやればいいか見当がついた。

c. パニクる。たぶん、がんばろうと思わないほうがいい。結局どうがんばっても、あなたには、正しい答えは出せないのだから。

6. あなたの担任の先生との、学期に一度の面談のときがやってきました。先生はあなたが、今学期の数学はどんなふうにいっているのか、たずねています。あなたの答えは：

a. 沈黙。あなたは、泣きたい気分になる。だれかに、あなたの数学がどうなのかたずねられたのは、これがはじめてで、あなたはいよいよだれかに、自分は数学がまったくわからないことを告げるときが来たと自覚する。

b. 「大丈夫です。ときどき、わからなくなるときもありますが、必要なときは、放課後特別に教えてもらっています。」

3　倍数と最小公倍数　51

c.「どうして、そんなことを聞くのですか？ 数学の先生が、あなたに何か言ったのでしょうか？ ここ二、三週間わたしが、わからなくなったような顔をしているとでも、言ったのでしょうか？」

7. あなたの数学の先生が、次のトピックは、今まで勉強したものよりもさらにむずかしくなると言ったとしましょう。あなたは：

a.「何だって？ これは、きっとむずかしくなるぞ。ここまではなんとかやってきたけれど、緊張するなぁ。」

b.「あーあ、どうしてわたしが、こんなことをしなければいけないのだろう？ このトピックを勉強しなくてもいいクラスに移ることはできないかなぁ？」

c.「ワーオ、これはきびしくなるぞ。でも、いい意味の挑戦なら受けてたつぞ。いいノートをとることと、復習したほうがいいところは、印をつけることに気をつけよう。」

8. 学校でテストということになると、あなたは：

a. どの教科のテストも同じように感じる。だれもテストを望んではいないけれど、テストは、人生の一部である。

b. 数学に比べて他の教科のほうが、テスト勉強をするにも、テストを受けるのも、やさしいように思う。数学に対しては何か、ひっかかりを感じる。

c. 数学のテストが嫌いである。あなたは、数学のテストに向けてどう勉強していいかわからないし、たとえ勉強したとしても、いざテストとなると、勉強したことのほとんどは忘れてしまう。

9. あなたは、数学の授業に対して：

a. ある程度参加する。あなたは、わからないことがあったとき、いつも質問するわけではないが、ときどきは先生に授業のあとで質問したり、友達に電話で宿題について質問したりする。

b. 積極的。あなたは予習して授業に参加するし、わからないことがあったら、質問する。

c. 何もしない。あなたは、その場にいないように想像する傾向があり、先生から質問されたり、黒板に出て問題を解かなければならないときは、消えてしまいたいと思う。

10. あなたの友達たちと数学の勉強をするという機会があるとき、あなたは：

a. まるで、そのグループが伝染病でもあるかのように避ける。しかし、その結果として、数学に関係あることは、すべて伝染病であるかのように避ける。

b. 参加するが、それはいつでも助けになるとは限らない。実際、グループで数学を勉強するのは、事態を悪くすることもある。たとえば、みんながわからなかったり、あるいは、勉強というより遊びになってしまったりすることがある。しかしそれ以外に、助けを求める方法があるのだろうか？

c. それが本当に役に立つと思われるときだけ、参加する。もし、ひとりで勉強したほうが効率がいいと思われる場合は、参加を断る。しかしその概念について、友人と話してみることが役に立つと思われるときは、あな

たは、そこに参加しているだけでなく、グループのリーダー格である。

採点表
1. a.2; b.3; c.1   6. a.1; b.3; c.2
2. a.1; b.2; c.3   7. a.2; b.1; c.3
3. a.3; b.1; c.2   8. a.3; b.2; c.1
4. a.2; b.3; c.1   9. a.2; b.3; c.1
5. a.3; b.2; c.1   10. a.1; b.2; c.3

25〜30点：あなたは、沈着冷静です。たとえ数学がもっとも得意というのではなくとも、数学は苦手ではないし、あなたは、一生懸命勉強した人だけが、数学によって報われるということを知っている。あなたは、数字が絡むことから逃げたりしない。あなたは、あなたの友人たちにとって、よいお手本になっている。その素晴らしい態度を続けてください。

16〜24点：あなたの数学に対する恐怖心が、勉強のさまたげになっているようです。数学とうまくつきあっていくことに、問題があるようです。怖いな、と思ったら、前向きな態度で行きましょう。テストの勉強をしているときに、「どうせまた失敗するだろう」と言う代わりに、どれだけ一生懸命テストにたいして準備しているかということに、神経を集中し、「自分は成功する」と自分に言い聞かせましょう。数学に自信を持っていて、数学が得意な友人たちと、いっしょに勉強すると良いでしょう。友人の態度が、あなたによい影響をあたえるでしょう。

10〜15点：あなたの数学に対する態度は、最悪のところ

まできているようです。あなたの問題が単に数学の点数を心配することから始まったのか、あるいは、思ったより悪い点数をとってしまった過去の経験から来ているのか、いずれにしろ、あなたは、自分自身をどうやってもうまくいかないという状況に追い込んでいます。あなたの数学の先生と真剣に話す段階に来ていて、先生にあなたの状況を知らせ、あなた自身をどうやって、数学に立ち向かうことができるところまで挽回できるか、適切な助言を受けるべきでしょう。先生が、むずかしいところをいっしょに付き合って教えてくれようとするかもしれないし、放課後いっしょに勉強してくれる勉強相手や、家庭教師の先生を紹介してくれるかもしれません。そして、ご両親にもこの問題について理解してもらいましょう。あなたのお父さんお母さんも、案外、若いときに、似たような経験があるかもしれないし、また、それにもかかわらず、今、お父さんはエンジニアで、お母さんは会計士の資格を持っているっていうこともありえます。そして、あなたがこの本を読んでみようと思った自分自身に対して、おめでとう、と言いましょう。あなたはすばらしいスタートを切ったのだから、この本をそばにおいて、わたしといっしょにこの問題を乗り切りましょう——ダニカより。

4 分数と帯分数への招待

　あぁ、分数。歴史が始まって以来、このいたいけのない小さな数たちが、どんなに人の感情をかきみだしてきたことか！　ためらい、恐怖、強迫観念…空腹感。

　本当は、分数は、はじめは怖そうに見えるかもしれないけれど、それが実際に何を指しているのか見当がつけば、そう悪いものでもないんです。分数は、切り分けられたピザと同じなのです。

　さて、実際の分数がどんなふうにできているか、見てみましょう。

　　分子→ $\underline{2}$　←境目となる短い線
　　分母→ 3

　普通は、分子も分母も整数(たとえば、1, 2, 3, 4, 5のような数)です。分数は、ある全体の一部分を表すときに使われます。あなたの使っている教科書でも、たぶん、8分の3とは、全体を8等分してできる部分のうち3つの部分を指していると説明されていることでしょう。

　個人的には、分数を扱う必要があるとき、分数はピザの一部であると考えることにしています。実際、わたしはピザが大好物なのです。(ピザが嫌いな人は、そんなに

そう考えると、8分の3は、ピザを8枚切りにしたときの3切れということだし、5分の2は、ピザを5等分したうちの、2切れにあたるわけです。

分母(下にある数)は、何切れを合わせると、全体のピザになるかを示しており、分子(上にある数)は、実際にわたしたちが持っているスライスされたピザの数と思うことができます。

この言葉の意味は?・・・分子と分母

数学で、覚えておかないといけない言葉はたくさんあるので、分数のうちどの部分が分子で、どの部分が分母か、わからなくなってしまうことがあるかもしれません。そんなとき、次のように考えると混乱せずに済むでしょう。

分母は、分数の下のほうにある数です。だから、$\frac{2}{3}$では、3が分母なのです。それは、お母さんがいつも子どもをおんぶしていると考えることもできるし、お母さんがいつも下から、子どもを支えているかたちと覚えるのも助けになるでしょう。ほら、役に立ったでしょう?

4 分数と帯分数への招待　57

> 「数学の問題はむずかしいかもしれないけど、ある程度やっているうちにいつかは解けるようになる。数学は、永遠に理解できないというものではないと思います。」バネッサ(12歳)
>
> 「昔は数学を目の敵にしていたけれど、今では大好きな学科の一つになっています。」ティファニー(16歳)
>
> 「数学はどこにでもある…数学はあなたの心を砥ぎ澄ましてくれるし、その他の技術を身に着ける役にも立つと思います。」マリマー(18歳)

みんなの意見

練習問題

わたしがこれから説明する状況に一番適した分数を書きとめてみましょう。はじめの問題は、わたしがやりましょう。

1. 野球は、9回までイニングがありますね。わたしたちは、これまでに4回戦まで見たとします。分数で表すと、わたしたちは、そのゲームのどれだけを見たことになるでしょう？

答え：わたしたちは、これまでに、そのゲームの9分の4だけ観戦しました。

2. わたしの親友が、わたしに洋服を借りたいと言ってきました。でも、彼女は黒がお好みなのです。わたしの洋服ダンスには、5着の洋服があるのですが、そのうち2着だけが黒です。分数であらわすと、わたしの親友が興味を

持つと思われるのは、わたしの持っている洋服のどれだけにあたるでしょうか？

3. わたしが、インスタント・メッセージをしていたとき、わたしの友人の中で、7人だけがオンラインでした。わたしは、全部で73人の友人がいます。分数で表すと、わたしの友人のうち、オンラインだったのはどれくらいでしょう。

4. 先週は、雨の日が三日ありました。残りの日はお天気でした。分数で言うと、どのぐらいがお天気だったのでしょう？（問題文を注意深く読んで下さい。）

1よりも大きい：仮分数と帯分数

ときどき、分数でも、上の部分（分子）のほうが下の部分（分母）より大きいもの、たとえば、$\frac{7}{5}$ のようなものをみかけることがあります。ちょっと不恰好に見えるかもしれませんが、これも分数の仲間なのです。そして、こういうタイプの分数も、分子のほうが小さい分数と同じ規則に従っているのです。

「ちょっと待ってください。」と、あなたは考えるかもしれませんね。どうやって、分子のほうが大きくなれるのでしょう。分母が全体を表していて、分子がその部分を表しているという話ではなかったでしょうか？　全体より大きな部分を持つなんて、可能なのでしょうか？

話は、簡単なのです。わたしたちのピザを例に使わせ

てもらうと、あなたが5分の7のピザを持っているとすると、あなたは、丸い一つのピザ全体よりも、もっとピザを持っているというだけです。

分数 $\frac{7}{5}$ は、わたしたちが、7切れのピザを持っていることと同じです。そして、分母を見てわかるように、そのピザは5等分されているので、それを7切れ持っているということは、丸ごと一つのピザと、2切れ余分のピザを持っていることと同じです。実際、この分数は、一つのピザ、プラス5分の2のピザと言いなおしてもいいですね。または、$1\frac{2}{5}$ のように書くこともできますね（これは、1と5分の2と読みます）。つまり、$\frac{7}{5}$ と $1\frac{2}{5}$ は、まったく同じ数を表しているのです。言い換えると、まったく同じ量のピザを表すのに、二つの違った言い方があるということと同じです。

この言葉の意味は？・・・帯分数と仮分数

帯分数というのは、ある整数とある分数をいっしょにしたものです。たとえば、$1\frac{2}{11}$、$5\frac{3}{4}$、$2\frac{7}{9}$ などは、帯分数です。英語で、帯分数がミックスド・フラクションと呼ばれるのは、整数と分数を

混ぜ合わせた表現だからです。読み方は、$2\frac{7}{9}$ の場合、2 と 9 分の 7 であり、これは、$2\frac{7}{9}$ が、$2+\frac{7}{9}$ と同じであることと一致しています。

　仮分数は、その分子が分母と等しいか、または大きい分数を指します。$\frac{5}{2}$, $\frac{13}{7}$, $\frac{100}{99}$ などは、仮分数です。真分数に対して、仮分数（英語では、インプロパー・フラクションと呼ばれるが、インプロパーには、マナー違反という意味もある）と呼ばれるのは、上のほうが重いために、それが頭からころんだとしたら、特にそれが、イギリス式のお茶会の席だったとしたら、とても無作法であるといったことからきているのかもしれませんね。というかわたしも、なぜインプロパー・フラクション（仮分数）と呼ばれるようになったのかの本当の理由はわかりませんが、わたしとしては、頭でっかちな分数が、よろよろしながらお茶会にまぎれこみ、ケーキに頭から倒れこみ、淑女たちが（イギリス訛りのアクセントで）「なんて、無作法な！」と、悲鳴をあげている様子を想像するのが、たまらなく好きなのです。このイメージが、インプロパー・フラクションが結局何を意味するのか、記憶するのにとても役に立っているのです。なんといってもそれらは、下よりも上のほうが大きな分数なのですから。

頭でっかちなので、分子の 7 が、押されて滑り落ちるので、4 で割ることになる。

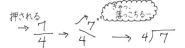

7 を 4 で割ると、1 余り 3 となる。つまり、一つ丸ごとのピザと、3 切れのスライスピザがあるわけです。しかし、余り 3 と書くかわりに、それを分数で表すこともできるでしょう。その余りをはじめの分母の上に乗せるのです。つまり、余り 3 が $\frac{3}{4}$ になります。だからわたしたちの答えは、一つ丸ごとのピザと、3 切れのスライス、言い換えると、$1\frac{3}{4}$ のピザを持っていることになります。さぁ、これをステップに分けて考えましょう。

仮分数→帯分数

ステップ 1. 分数をちょっと押して、頭でっかちの分子(上)を分母(下)で割る。

ステップ 2. その割り算の商が、帯分数の整数部分になり、もし余りがあれば、余りの部分が、何切れのスライスが残っているかを表しています。余りは残っているスライスの数といっしょなので、それは、帯分数のうちの整数の横にある小さな分数のうちの分子になります。

仮分数と、帯分数の間を行ったり来たり

ピザの例でわかったように、どんな仮分数に対しても、それと同じ値の帯分数がみつかるし、また、その逆も成り立ちます。その二つの分数の間を、どうやって行ったり来たりするかを知ることは、とても大切なことなのです。しかも、ピザの例を、毎回使わなくてもできるようになるのが大事です。なぜそれが大事かは、あなたが、ピザの絵で埋め尽くされた宿題帳を提出したときの先生の顔を想像してみれば、わかるでしょう。

仮分数→帯分数：もしわたしたちが、あるピザの $\frac{7}{4}$ を持っているとしたら、わたしたちは、丸ごと一つのピザよりも、もっとたくさんのピザを持っていることがわかります。（なぜって、分子の 7 は分母の 4 よりも大きいでしょう？）ではいったい、何枚の丸ごとピザと、何切れのピザを持っていることになるでしょう？ つまり、仮分数 $\frac{7}{4}$ を帯分数に直せますか？

あなたにここで、ちょっとした秘密をお教えしましょう。分数というのは、割り算の一種(**実際、$\frac{7}{4}$ という記号は、7 を 4 で割ったときの値を表しているのです**)なので、$\frac{7}{4}$ を割り算の問題だと思って計算すると、それを帯分数に置き換えるのは、いたって簡単なのです。割るときには、上から下へ 7 割る 4 と考えます。

$$\frac{7}{4} \quad = \quad \begin{array}{c} 7 \\ \text{割る} \\ 4 \end{array} \quad = \quad 4\overline{)7}$$

あるいは、こんなふうにも考えられます。仮分数は、

(その小さな分数の分母は、仮分数の分母と同じになります。)

 スタート！ ステップ・バイ・ステップ実践

$\frac{18}{7}$ を帯分数に直してみましょう。

ステップ 1. 頭でっかちの 18 を下におろす感じで、7 で割って見ると、丸ごと 2 枚のピザと 4 切れのスライスピザが残ります。

ステップ 2. その残りを始めたときと同じ分母にのせて、$\frac{18}{7} = 2\frac{4}{7}$ とできあがり！

 ここがポイント！ あなたが仮分数と帯分数の間を、行ったり来たりして変換しているとき、その値自体は、まったく変化していないことを覚えておいてください。あなたは、違う形式に変えているだけで、その値を変えているわけではないのです。

練習問題

次の仮分数を帯分数に直してみましょう。はじめの問題は、わたしがしてみせましょう。

1. $\frac{9}{2} =$

解：ステップ 1. 大きな分子を倒して 2 で割ると、4 枚のピザと、一切れのスライスが残ります。

ステップ 2. 余った一切れを、始めたときと同じ分母にのせて、答えは $\frac{9}{2} = 4\frac{1}{2}$ となります。

2. $\frac{8}{3} =$
3. $\frac{6}{5} =$
4. $\frac{13}{4} =$

帯分数→仮分数：あなたの友達がたくさんあなたの家に遊びに来ることになって、あなたのお母さんが、ピザを 5 枚注文したとします。それぞれのピザを、図のように 5 等分したとしましょう。

全部で、何切れの切り分けられたピザが、友達のために用意されたでしょう？ さて、5 切れずつに分けられたピザが 5 枚あるので、全部で 5×5 ＝ 25 切れのスライスがあることになります。素晴らしい。

ところが、あなたがかわいがっているチワワのスパン

4 分数と帯分数への招待　65

キーが、そのピザを食べかけてしまい、お母さんがいく切れか、捨てなくてはならなかったとしましょう。お母さんによると、残りのピザは $4\frac{2}{5}$ だけ、ということです。さて、今、友達に振る舞うことができるピザは、何切れ残っているでしょう？

この問題を解くためには、$4\frac{2}{5}$ を仮分数に変換することが必要です。いったん、仮分数に直してしまえば、上にある数（分子）が、残っているピザのスライスが何切れあるのか、教えてくれるでしょう。

まず、$4\frac{2}{5}$ は、$4 + \frac{2}{5}$ と同じであることに注意しましょう。これは、4枚のピザと2切れのピザがあることといっしょです。では、4枚のピザは、何切れのスライスからできているでしょうか？

ところで、1枚のピザは、5切れのスライスからできていたので、4枚のピザでは、合計で $4 \times 5 = 20$ 切れのスライスがあることになります。次に、残りの2枚のスライスをこれに加えて、「20切れ＋2切れ」から、全部で22切れのピザがあることがわかります。

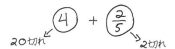

言い換えると、わたしたちは $\frac{22}{5}$ のピザを持っていることになります。そして、これで、$4\frac{2}{5} = \frac{22}{5}$ を証明したことになります。

うーん、それはわかったけれど、ちょっと時間がかか

りすぎませんか？ではここで、図を使わずに、帯分数を仮分数に直す近道を紹介しましょう。この方法を、わたしはMAD(怒った)顔方式と呼ぶことにしています。すぐに、なぜわたしがそう名づけたかわかるでしょう。

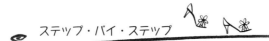
ステップ・バイ・ステップ

MAD(怒った)顔方式を使った、帯分数から仮分数への変換法

ステップ1. 先頭の整数と、分母を掛ける(英語で、掛けるはMultipleなので、M)

ステップ2. 掛け算の答えに、分子を足す(英語で、足すはAddなので、A)

ステップ3. 分母は、そのまま。おしまい。(英語で、分母はDenominatorなのと、おしまいのDoneを合わせて、D)

図をみてもらうとわかるかもしれませんが、わたしには、丸い矢印が怒った顔の口の部分にあたり、掛け算の×と足し算の＋が、目の部分をあらわしているようにみえてしかたがないのです。あなたの頭を少し、左に傾けてもらうといいかもしれません。ほら、ね？

MAD

M：掛ける

A：足す

D：分母は、同じ。

あなたも、丸い矢印をかいて怒った(MAD)顔のようすを思い出せば、どうやって帯分数から仮分数に直すか、二度と混乱したりしなくなるでしょう。

スタート！　ステップ・バイ・ステップ実践

さぁ、もう一度、上記のピザの問題を、図を使わずにやってみましょう。$4\frac{2}{5}$ を、MAD方式で仮分数に直してみましょう。

ステップ **1.** 先頭の整数と、分母を掛ける(M)。$5 \times 4 = 20$。

ステップ **2.** 掛け算の答えに、分子を足す(A)。$20 + 2 = 22$。

ステップ **3.** その結果を同じ分母(D)の上に乗せると、$\frac{22}{5}$ が得られます。このように、$4\frac{2}{5} = \frac{22}{5}$ がわかりました。おしまい。

練習問題

次の帯分数を仮分数に直しましょう。最初の問題は、わたしがしてみましょう。

1. $3\frac{4}{7} =$

解：M：先頭の整数と、分母を掛ける。$7 \times 3 = 21$。
A：掛け算の答えに、分子を足す。$21 + 4 = 25$。
D：その結果を同じ分母の上に乗せると、$\frac{25}{7}$ が得られます。このように、$3\frac{4}{7} = \frac{25}{7}$ がわかりました。おしまい。
答え：$3\frac{4}{7} = \frac{25}{7}$

2. $2\frac{1}{2} =$
3. $6\frac{2}{3} =$
4. $1\frac{3}{5} =$

仮分数は、テニスシューズのようなもの、その理由は？

あなたは、どうして1より大きな分数に対しては、二通りの表し方を勉強しなければならないのか、疑問に思っているかもしれません。答えは簡単です。帯分数と仮分数は、それぞれ違った目的に対して役に立つからです。それぞれ、違ったことに向いているのです。ただ、それだけ。

あなたが、靴を二足だけ持っていたと想像してください。それが、素敵なテニスシューズと、黒のスエードで

4 分数と帯分数への招待　69

できたハイヒールだったとしましょう。もし、誰かがあなたに、「どうしてあなたは、二足も靴が必要なのですか？」と質問したら、どうでしょう？ あなたは、なんてわけのわからないことを訊く人かしらと思いながらも、丁寧に、こう答えることでしょう。「なぜかというと、この二足は別のことに使うからです。ほとんどの場合、テニスシューズをはいています。たいていどこにでもはいていけるので。でも、ドレスアップしたときには、ハイヒールをはきます。」仮分数と、帯分数に関しても同じことが言えます。

仮分数 ＝ テニスシューズ
帯分数 ＝ ハイヒール

　あなたが何かしたいとき——足し算、引き算、掛け算、割り算、小数に直したり、パーセントに直したり——、普通、仮分数を使うほうが断然簡単です。（分数を使って何かしたいときには、まず、仮分数に直すことを強くお奨めします。）たとえば、掛け算で $1\frac{2}{5} \times 3\frac{2}{3}$ の値を求めたいときには、まず、帯分数を仮分数に直して、それから $\frac{7}{5} \times \frac{11}{3}$ の掛け算を実行すべきです。なぜかというと、仮分数同士の掛け算では、単純に、上と上、下と下を掛けることで答えの $\frac{77}{15}$ が求められるからです。確かに、足し算や引き算では、帯分数を使うこともできますが、仮分数を使ったほうが、やさしくなることが普通です。

　わたしが前にも言ったように、仮分数はテニスシューズのようなもの、たいていの場所で使えるのです。そし

て、はるかに使い勝手がいいでしょう？（そしてテニスシューズは、仮分数がインプロパーである——エチケット違反——とイギリス式の公式なお茶会で呼ばれていたのと、うまく対応しているではありませんか？）

それに対して帯分数は、どちらかというとハイヒールに似ているのです。なぜかというと、こちらは、たまにしか使う場所がないのです。しかし帯分数は、見栄えがいいのです。帯分数は、実生活では意味が通じやすいのです。なんといっても、あなたがサンドイッチを一つとその半分だけ欲しかったら、お母さんに頼むとき、冷蔵庫のドアに張ってあるメモ書きに、「お昼用に $\frac{3}{2}$ のターキーサンドをお願い」とは書かないでしょう？　それよりは、「一つと半分のサンドイッチ」——帯分数で $1\frac{1}{2}$ ——と、書くのではないでしょうか？

帯分数は、文章題の最後の答えに使ったほうがいいのです。なぜかというと、そのほうが答えがはっきりするからです。例をあげてみましょう。マギーさんは、車で $\frac{3}{5}$ マイル先のスーパーまで行き、また $\frac{3}{5}$ マイル運転して家に戻ってきました。マギーさんは、合計で何マイル運転したでしょう？　あなたは、マギーさんが運転した距離を合計して、$\frac{3}{5} + \frac{3}{5} = \frac{6}{5}$ を得るでしょう。あなたは、「マギーさんが運転したのは、$\frac{6}{5}$ マイルです。」と答えることもできるでしょう。でも、マギーさんが家に戻って、マギーさんの妹に、「あー、疲れた。わたし、$\frac{6}{5}$ マイルも運転した！」と言ったときの、妹さんのぽかん

とした顔を想像してみてください。それよりは、「マギーさんは、$1\frac{1}{5}$ マイル運転しました。」と答えるほうが、わかりやすいでしょう。わたしの言っている意味が、わかってもらえたでしょうか？ 二番目の答えのほうが聞き取りやすいし、実際に彼女がどれだけの距離を運転したか、実感がわくでしょう。——$\frac{6}{5}$ と $1\frac{1}{5}$ は、まったく同じものを表しているのに。

あなたの宿題では、答えを仮分数で、または帯分数で書きなさいと指定されることがあります。でも、何の指定もない場合はこうしましょう。計算の途中では仮分数を使い、最後の答えには帯分数を使う。なぜかというと、仮分数は、はるかに扱いやすいからです。そして帯分数は、最後に答えを書くときだけ、使うのがいいでしょう。

ここがポイント！　ところで、仮分数の中でも 1 を下のほう（分母）に持つもの、たとえば $\frac{4}{1}$, $\frac{8}{1}$, $\frac{33}{1}$ などは、実際には整数なのに、ちょっと仮装しているものと思っていいでしょう。つまり、$\frac{4}{1} = 4$, $\frac{8}{1} = 8$, $\frac{33}{1} = 33$ というわけです。

 練習問題

次の分数を別の形に直しましょう。はじめの問題は、わたしがしてみせましょう。

1. $\frac{77}{1} = 77$
2. $\frac{6}{1} =$
3. $\frac{1}{1} =$
4. $\frac{141}{1} =$

 この章のおさらい

- 分数では、分子が上にある数で、分母(英語では、Denominator)は、線分の下のほう(英語ではDownなので、Dと覚えるとよい)にある数です。

- 仮分数と帯分数は、1より大きな値を持つ分数を表すときの二通りの方法である。

- 仮分数では、分子が分母よりも大きい。

- 帯分数は、整数と分数が混じっている。

- 仮分数を帯分数に直すには、頭でっかちの分子を倒して分母で割ればよい。

* 帯分数を仮分数に直すには、MAD 方式を使えば
 よい。

ダイヤモンドは、あなたの親友

　ダイヤモンドが、地球上でもっとも価値のある宝石の一つであるということは、聞いたことがあると思います。他の宝石との違いは、その特別の"輝き"からきているのです。ダイヤモンドがその輝きを持つ理由は、その硬さと透明度からきているのです。それによって、光がダイヤモンドの中をとても速いスピードで通り抜けることができるからです。

　ダイヤモンドがその硬さと透明度を持つようになったのは、その作られ方からきているのです。何百万年も前のこと、地表からはるかに深い部分で、ひどく高い熱と、極端な圧力に耐えながらひどく苦労してできあがっているのです。こういうものすごい状況での苦しみのすべてが、ダイヤモンドをあんなにも美しく輝かせている素なのです。

　なんでダイヤモンドの話をしているんだっけ？　ああ、そうそう、わたしは本当にダイヤモンドが好きだから。でも、それだけではなくて、あなたが本当に数学で苦しんでいるとき、そしてひどく悩んでいるとき、わたしはあなたに、自分のことを、地表からはなれたずっと奥深いところで形成途中のダイヤモンドだと、想像して欲しいのです。そして、今の苦しみのすべてがいつの日か、あなたをとっても輝かせてくれる素になっているんだということを知っ

ておいて欲しいのです。

　信じるか信じないかは別として、実際に数学での苦しみは、あなたをより賢くしてくれるのです。いつも、そのようには感じないかもしれないけれど、それは真実なのです。あなたが、ある概念をよりよく理解する素は、その苦しみの中に存在するのです。あなたが努力するほど、あなたが自分の頭の中で理由をみつけようとすればするほど、あなたの数学的能力は磨かれていくのです。すべて、あなたの決意しだいなのですから、数学が難しくなったからといって、そこから逃げ出したりしないようにしましょう。

　いつの日か、あなた自身が、きらきら輝いた素晴らしい人間になるでしょう。頭の回転がよく、高収入の約束された職についていることでしょう。そして最も価値のあることは、時間と、真摯な、本物の努力が必要だということ——自然界においてダイヤモンドに起こったように——。人生において、あなたについても同じことが言えるのです。

みんなの意見

「わたしが思うに、たくさんの女の子が、男の子のために自分を下げている。わたしには理解できない。わたしは頭がいいし、ボーイフレンドもいる。だいたい、自分を下げているような女の子たちには、いいボーイフレンドができないと思う。」エリサ（17歳）

5 分数の掛け算と割り算 …そして逆数

　分数の掛け算は、本当に簡単です。実際、たぶん、あなたはすでにどうするのか知っていると思うので、ここにあるのは、ちょっとした復習と思ってください。(俳優さんたちと、彼らのカフェ・ラテについては、しばらくお待ちください。)

分数の掛け算

　二つの分数を掛けるときは、単純に、上は上同士、下は下同士で掛け合わせます。一丁あがり。
　たとえば、

$$\frac{1}{3} \times \frac{2}{5} = \frac{1 \times 2}{3 \times 5} = \frac{2}{15}$$

ですね。
　だから、$\frac{1}{3} \times \frac{2}{5} = \frac{2}{15}$ となり、それが答えです。さて、あなたが学校のミュージカルで、ヘアスタイルの責任者だったとしましょう。はい、はい、本当は、主役

をねらっていたんだけれど、そのオーディションの最中に、歌詞を忘れてしまったのです。なぜって、一目ぼれした彼があなたをじっとみつめていたからです。ああ、恥ずかしかった！

　とにかく、今は、あなたは髪飾りについての責任者で、その責任を立派に果たそうとしています。なぜなら、あなたはそういう性質の女の子だからです。5人の女の子で歌う曲があって、一人ずつ同じ青いリボンを髪につける必要があります。各々のリボンは、$2\frac{1}{4}$ フィートの長さでないといけません。全部でどれだけのリボンを、あなたは買えばいいでしょう？

　ミュージカルの責任者は、あなたが、計算ができなくてリボンを買いすぎるのでは、と疑っています。わたしたちは、責任者にきちんと証拠をみせてあげようではありませんか？　わたしたちは、$5 \times 2\frac{1}{4}$ を計算する必要があります。ウーム。わたしたちは、二つの分数の掛け算のやり方はわかっているので、二つの数を分数に直してみようではありませんか！

　まず、5を仮分数に直しましょう。$5 = \frac{5}{1}$ ですね。次に、$2\frac{1}{4}$ を66ページで学んだ MAD 方式を使って、仮分数に直しましょう。

M: Multiply（掛ける）、$4 \times 2 = 8$

5 分数の掛け算と割り算…そして逆数 77

A: Add(足す), $8+1=9$

D: Denominator(分母), 9 を分母の上にのせて $\frac{9}{4}$

さて、$5 \times 2\frac{1}{4}$ のかわりに、わたしたちの問題は、$\frac{5}{1} \times \frac{9}{4}$ となります。(これらの数字は、一見まったく違ったもののように見えますが、それらは以前のものと、まったく同じ値であるということを覚えておきましょう。)これらの分数をいっしょに掛け合わせると何ができるのか、見てみましょう。

$$\frac{5}{1} \times \frac{9}{4} = \frac{5 \times 9}{1 \times 4} = \frac{45}{4}$$

ということは、わたしたちは、$\frac{45}{4}$ フィートの長さのリボンを買ってくることが必要であるとわかります。

でも、これは文章題なので、答えを帯分数に直してみましょう。何と言っても、お店に行って、「こんにちは、$\frac{45}{4}$ フィート分の青いリボンを売って下さい。」と言ったとしたら、会話は、まったくスムーズというわけにはいかないでしょう。

だから、仮分数を帯分数に直すために、61 ページでしたように、仮分数の上にある数を下におとして、分子を分母で割りましょう。そして、下記のように、余った 1 は帯分数の分数部分の分子になります。

$$\frac{45}{4} \; - \; 4\overline{)\begin{array}{r}11\\45\\\underline{44}\\1\end{array}} \qquad\qquad \frac{45}{4} \; - \; 11\frac{1}{4}$$

ああ、これでとてもよくなった。「こんにちは、11 と 4

分の1フィートの長さの青いリボンを、売って下さい。」これで、うまくいくでしょう。

分数の掛け算をするとき、もっとも時間がかかるのは、はじめに帯分数を仮分数に直すところです。それらを実際に掛けるのは、掛け算九九さえ覚えていれば、簡単です。

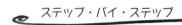

分数の掛け算

ステップ **1**. 帯分数があれば、それを仮分数に直す。

ステップ **2**. 整数があれば、それを仮分数に直す。

ステップ **3**. 分子同士、分母同士を掛ける。

ステップ **4**. 可能ならば、約分する。おしまい！

次の分数の積を求めましょう。はじめの問題は、わたしがしてみせましょう。

1. $\frac{2}{3} \times \frac{4}{5} = \frac{2 \times 4}{3 \times 5} = \frac{8}{15}$
2. $\frac{1}{2} \times 3 =$
3. $1\frac{3}{7} \times \frac{1}{3}$

逆　数

　ときどき、分数を逆さまにひっくり返すと役に立つことがあります。そう、逆さまにひっくり返すのです。「はー？」という、あなたの声が聞こえてきそうです。「わたしは分数がもともとそんなに好きじゃないのに、それを逆さまにひっくり返したからといって、わたしがそれを好きになれると思う？」実際には、そんなに悪いものではありません。そして、逆さまにひっくり返した分数は、割り算のときとても役立つのです。まぁ、それはあとで話すことにして、今はひっくり返すことだけ考えましょう。

　あなたが、分数を逆さまにひっくり返して得られる新しい分数を、逆数と呼びます。たとえば、$\frac{2}{5}$ の逆数は $\frac{5}{2}$ になり、$\frac{4}{7}$ の逆数は $\frac{7}{4}$ で、$\frac{1}{3}$ の逆数は $\frac{3}{1}$ となります。あなたが、逆数(英語では、reciprocal リシプラカル)という言葉を見たら、re-Fulip-ro-cal(リーフリップーラーカル)と、考えることにしましょう。さぁ、声にだして言ってみましょう。子どもっぽいと思うかもしれませんが、これには意味があるのです。

　こうすると、リシプラカル(逆数)が、フリップする(ひっくり返す)ことだという意味を記憶することができるでしょう。だから、不平不満を言うのはやめましょう。

この言葉の意味は？・・・逆数

与えられた分数の逆数は、その分子と分母をひっくり返すことで求めることができます。与えられた分数が帯分数や整数だった場合は、まず、仮分数に直してからひっくり返しましょう。

ここがポイント！ 整数は、いつでも分数として書き直すことができる（たとえば $5 = \dfrac{5}{1}$ のように）ので、整数の逆数は、簡単にみつけることができます。5の逆数は何だと思います？ あなたが想像したとおり、$\dfrac{1}{5}$ です。

ステップ・バイ・ステップ

ある数の逆数を求める。

ステップ 1. その数が帯分数か整数のときは、それを仮分数に直す。

ステップ 2. 上と下の数をひっくり返す。

5 分数の掛け算と割り算…そして逆数 81

スタート！ ステップ・バイ・ステップ実践

$3\frac{1}{2}$ の逆数を求めてみましょう。

ステップ 1. まず、MAD 方式で、仮分数に直しましょう。（66 ページを見てください。）

M: $2 \times 3 = 6$

A: $6 + 1 = 7$

D: 7 を分母の上に乗せて、$\frac{7}{2}$。だから、$3\frac{1}{2} = \frac{7}{2}$ ができました。

さぁ、その逆数を求めてみましょう。

ステップ 2. $\frac{7}{2}$ の上下をひっくり返して $\frac{2}{7}$ が得られます。というわけで、$3\frac{1}{2}$ の逆数は $\frac{2}{7}$ になるわけです。そうむずかしくもないでしょう？

ここがポイント！ ある数の逆数をとるという操作は、操作を二回すると元に戻ってしまう、という数学の中ではよく見かける操作なのです。たとえば、あなたがある雑誌を持っているとします。それの上の面と下の面をひっくり返してから、もう一度同じことをくりかえしてみてください。最初と同じ面が、再び現れた

でしょう？

同じ論理が、分数にもあてはまるのです。$\frac{3}{8}$ の逆数は $\frac{8}{3}$ で、$\frac{8}{3}$ の逆数は、また $\frac{3}{8}$ に戻るのです。

もう一つ、逆数についておもしろいことは、どんな数でも、その逆数と掛け合わせると、答えはいつも1になるということです。たとえば上の例を使うと、$\frac{3}{8} \times \frac{8}{3} = \frac{24}{24} = 1$ となります。あなたも、別の例で試してみましょう。

練習問題

次の仮分数と帯分数の逆数を求めてください。はじめの問題は、わたしがしてみせましょう。

1. $1\frac{2}{5}$

解：まず、これを仮分数に直してみましょう。

M：$5 \times 1 = 5$

A：$5 + 2 = 7$

D：答えの7を同じ分母に乗せて、$\frac{7}{5}$ になります。さて、上と下をひっくり返して、$\frac{7}{5} \rightarrow \frac{5}{7}$

答え：$\frac{5}{7}$

2. $\frac{8}{3}$
3. $2\frac{1}{2}$
4. $\frac{19}{296}$
5. 9

5 分数の掛け算と割り算…そして逆数　83

　逆数が、割り算ではとても便利な道具になると、わたしが言ったのを覚えていますか？

分数の割り算

　分数の割り算は、分数の掛け算とほとんど同じくらい簡単です。あなたが、ある分数を別の分数で割りたいときは、二番目の分数の逆数を見つけて(ひっくり返して)から、それら二つの分数を掛け合わせればいいのです。$\frac{3}{4}$ 割る $\frac{1}{5}$ は、どうなるでしょう？

$$\frac{3}{4} \div \frac{1}{5} = \frac{3}{4} \times \frac{5}{1} = \frac{3 \times 5}{4 \times 1} = \boxed{\frac{15}{4}}$$

(ひっくり返す！)

だから、$\frac{3}{4}$ 割る $\frac{1}{5} = \frac{15}{4}$ になるのです。

ステップ・バイ・ステップ

分数の割り算

　ステップ **1.** 整数や帯分数は、全部、仮分数に直したか確認する。

　ステップ **2.** 二番目の分数の逆数をとる。(リーフリップーラーカル)

　ステップ **3.** 割り算の記号を掛け算に変える。

ステップ **4.** 上同士、下同士を掛けて、できあがり。

でも、これは、数学の魔術のように思えるかもしれませんね。どうして、これで正しい答えがでるのでしょう？ なぜ、逆数を掛けることと割り算することが、同じことになるのでしょう？

では、簡単な問題、$10 \div 2 = 5$ から見ていきましょう。もし、2で割るかわりに、2の逆数を掛けたとしたら、どうなるでしょう？ 2の逆数は $\frac{1}{2}$ なので、問題は次のようになるでしょう。

$$10 \div 2 = \frac{10}{1} \div \frac{2}{1} = \frac{10}{1} \times \frac{1}{2} = \frac{10 \times 1}{1 \times 2} = \frac{10}{2} = \boxed{5}$$

（↑ひっくり返す！）

ほら、答えは5で、一致しているでしょう。だから、このやり方が使えるのです。では、別の例をいっしょにしてみましょう。$4 \div \frac{1}{2}$ は、どうでしょう？

$$4 \div \frac{1}{2} = \frac{4}{1} \div \frac{1}{2} = \frac{4}{1} \times \frac{2}{1} = \frac{4 \times 2}{1 \times 1} = \frac{8}{1} = \boxed{8}$$

（↑ひっくり返す！）

見てわかるように、わたしたちの答えは、8です。

でも、8というのは、意外な結果ではありませんか？ 分数を計算しているにしては、こんな大きな数が得られたのは、不思議のような気がしませんか？ $4 \times \frac{1}{2} = 2$ は、納得しやすいでしょう。なぜかというと、これは $4 \div 2$ といっしょのことだからです。

でも、$4 \div \frac{1}{2} = 8$ となるのは、なぜでしょう？ これについて、しばらく考えてみましょう。

5 分数の掛け算と割り算…そして逆数 85

　そもそも、「分数で割る」というのは、どういう意味なのでしょう？　えーと、まず、「割る」ということがどういう意味だったのか、思い出してみましょう。

　あなたは、例のミュージカルに戻ってきています。さぁ、出演者は全員、例の貴重な青いリボンをしています。そしてあなたは、カフェ・ラテを買いに走らされています。そう、みんなはあなたに、主役の俳優全員のために、カフェ・ラテを買ってきて欲しいと思っているのです。あなたは、6杯のアイス・ラテを買って戻ってきました。だって、それだけ持つのがやっとだったからです。そして、主役の俳優さんたちは、一人2杯ずつ欲しいと要求しているのです。

　あなたは、何人分買ってきたことになりますか？　そうね、もしあなたが6杯持っていて、一人が2杯ずつ欲しいとすると、あなたは、6を2で割る必要があります。$6 \div 2 = 3$。だから、あなたは、三人に、彼らの愛する飲み物を手渡すことができるのです。

　ちょっと、待って。この割り算$6 \div 2$が、本当に尋ねているのは、「6から2が何回とれますか？」ということです。言い換えると、「6の中に2が、いくつありますか？」と、同じです。

　$6 \div 1$をすると、6が得られます。これはなぜかというと、この割り算は、「6から1が何回とれますか？」という問いに対する答えだからです。わたしたちは、6の中に、1は丁度6回だけ入っていることを知っています。だから、もし主役の俳優さんたちが、もう少しもの

わかりがよくて、一人につき1杯のアイス・ラテでよいというのであれば、あなたは、6人の俳優さんたちに配ることができたのでした。$6 \div 1 = 6$ だからです。これは、とても簡単な割り算でしたね。

これを頭において、次の問題を考えましょう。「6から $\frac{1}{2}$ が何回とれますか？」さて、前と同じに6杯のアイス・ラテがあるわけですが、今回は、わがままな俳優たちには、一人につき、半分ずつのアイス・ラテを配ることにしたとします。結果として、あなたはもっと多くの俳優さんたちに、アイス・ラテを配ることができるでしょう？ あなたは、あなたの仕事をこなそうとしているだけです。だから、$6 \div \frac{1}{2}$ が、答えですね。

あなたは、6から、$\frac{1}{2}$ が何回とれると思いますか？

えーと、$\frac{1}{2}$ はとても小さいですね。1よりも小さい。だから6の中には、$\frac{1}{2}$ がたくさん入っていることでしょう。あなたは、図のように、いつでも書き出して計算することができます。

$$1 + 1 + 1 + 1 + 1 + 1 = 6$$
$$\underbrace{\tfrac{1}{2}+\tfrac{1}{2}} + \underbrace{\tfrac{1}{2}+\tfrac{1}{2}} + \underbrace{\tfrac{1}{2}+\tfrac{1}{2}} + \underbrace{\tfrac{1}{2}+\tfrac{1}{2}} + \underbrace{\tfrac{1}{2}+\tfrac{1}{2}} + \underbrace{\tfrac{1}{2}+\tfrac{1}{2}} = 6$$

それで、わかったことは、$\frac{1}{2}$ は、6から丁度12回とれるということです。別のことばで言い換えると、「6の中には、12回の $\frac{1}{2}$ がつまっている。」数学の言葉では、$6 \div \frac{1}{2} = 12$ というわけです。だからもし、主役の俳優

一切れ。

　しばらくしてわたしは、パイの半分がなくなっていることに気が付きました。そして、それと同時に、胃のあたりが気持ち悪くなりだしたことにも気が付きました。パイをちょうど半分に切って、それを丸ごとお皿にのせたのだとしたら、けっしてわたしは、それを全部食べたりはしなかったでしょう。しかし、自分では認めたくありませんが、それと同じことをしてしまったようです。

　一切れ切るたびに、だいたいそのパイの $\frac{1}{12}$ (前のページにある絵を見てください)がなくなっていきました。そうだとすると、そのパイの半分を食べるためには、何切れのスライスが必要だったでしょう？　そう、6切れです。これは、どうして、$\frac{6}{12}$ が $\frac{1}{2}$ と等しいかの、素晴らしい例にはなっているでしょう。

　だから、$\frac{6}{12}$ と $\frac{1}{2}$ は、同じ値の分数(同値な分数)と呼ばれるのです。これらは、見かけは同じではありません。違う数字が使ってありますが、同じ値を表しているのです。そしてパイの例でもわかったように、どちらも同じように、胃を気持ち悪くさせるのです。二つの分数がお互いに"同値である"というのは、それらが"同じ値を持つ"と言っているのと同じです。たぶんあなたは、丸ごとパイの半分をどんなふうに切り分けたとしても、食べてしまおうとは思わないでしょう。

　それから、半分のピザを切る方法は、他にもあるでしょ

う。たとえば $\frac{4}{8}$ でもいいし、もしよく切れるナイフがあれば、 $\frac{11}{22}$ でもいいでしょう。半分のピザを $\frac{4}{8}$ に切り分けるときは、丸ごとピザの $\frac{1}{8}$ の大きさのスライスが 4 切れあるということです。そして、半分のピザを $\frac{11}{22}$ に切り分けるときは、一切れが $\frac{1}{22}$ の本当に小さなスライスが、11 切れあるということです。これらの分数の値は、両方とも、ピザの半分に等しいのです。絵を見てもわかるように、 $\frac{4}{8}$ と $\frac{11}{22}$ は、 $\frac{1}{2}$ と同値です。

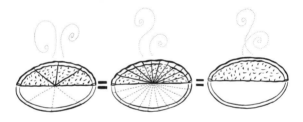

この言葉の意味は?・・・同値な分数

二つの分数は、それらが同じ値——同じ量のパイ——を表すときに、同値であると言われます。たとえば、 $\frac{1}{2}$ と $\frac{2}{4}$ は同値な分数です。 $\frac{1}{2}$ と $\frac{32}{64}$ も、同様です。(言い換えると、あなたがパイの半分を食べようと、 $\frac{32}{64}$ のパイを食べようと、あなたは同じ量のパイを食べていることになるのです。)

同値な分数の探し方

もし、わたしが、一枚のピザの $\frac{1}{4}$ を食べたいとき、それを小さなスライスに切り分けたいとすると、どんなスライスのしかた(分数で表すとすると)があるでしょう？たとえばわたしが、全体のピザを8等分したとしましょう。その場合は、$\frac{1}{8} + \frac{1}{8}$ が $\frac{1}{4}$ と同じになりますね。つまり、$\frac{2}{8}$ です。

分数 $\frac{1}{4}$ の上と下に2を掛けると、$\frac{1 \times 2}{4 \times 2} = \frac{2}{8}$ で、この同値な分数が得られるということに、気が付いたでしょうか？

実は、分数 $\frac{1}{4}$ の上と下にどんな「同じ」数を掛けても、$\frac{1}{4}$ と同値な分数が得られるのです。同値な分数同士は、同じ量(ピザやパイや、その他なんでもの同量)を表す多様な表現なのです。たとえば、

$\frac{1}{4}$ は、上下を二倍して、$\frac{1 \times 2}{4 \times 2} = \frac{2}{8}$ とも等しく

三倍して、$\frac{1 \times 3}{4 \times 3} = \frac{3}{12}$ とも等しく

四倍して、$\frac{1 \times 4}{4 \times 4} = \frac{4}{16}$ とも等しく

五倍して、$\frac{1 \times 5}{4 \times 5} = \frac{5}{20}$ とも等しく

なるのです。ここに示した分数は、すべてお互いに同値で、それらはすべて $\frac{1}{4}$ と同じ値を表しているのです。

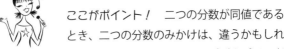
ここがポイント！　二つの分数が同値であるとき、二つの分数のみかけは、違うかもしれないけれど、それらは、まったく同じ量——ピザやパイで考えて同じ量——を表しているのだということを、覚えておきましょう。

猫まね分数

きっと、ずっと以前に、どんな数に 1 を掛けても、その数の値は変わらないということを学んだことでしょう。たとえば、 $4 \times 1 = 4$, $\frac{1}{7} \times 1 = \frac{1}{7}$, $492 \times 1 = 492$ などです。どの数にあなたが 1 を掛けるかには、関係ないのです。シンプルな真実とは、どんな数に 1 を掛けても、その値にはまったく影響がないことなのです。

それから、どんな分数でも、分数の分子と分母が等しければ、その分数は 1 に等しいのだということを聞いたことがあるでしょう。だから、 $\frac{2}{2}, \frac{8}{8}, \frac{39}{39}, \frac{1492}{1492}$ のような分数すべて、それぞれ 1 に等しいのです。

わたしは、こういう分数を猫まね分数と呼ぶことにしています。この名前を思いついたのは、上と下がまったく同じことを真似しあっている猫のように思えたからなのです。あなたの数学の先生は、たぶん、「上と下に同じ数を掛けると同値な分数が得られます」、という言い方をすると思いますが、本当のことを言えばこれは、猫まね分数を掛けることと、まったく同じことなのです。（そし

てわたしは、猫まね分数のほうが覚えやすいと思うのです。)

あなたは、(ゼロ以外の)どんな整数でも、それを分母と分子におくことによって、あなた自身の猫まね分数を作ることができます。

そして、どの猫まね分数の値も1であるということを覚えておいてください。そこで、自然なことではありますが、どの猫まね分数も1と同じであることを使って、どんな数に対しても、その値を変化させずに掛けることができるの

です。だから、猫まね分数とどんな分数を掛け合わせても、結果的には同値な分数が得られるということです。それは、みかけは違うかもしれませんが、同じ値を持つというわけです。

$$分数 \times \frac{猫まね}{猫まね} = 同値な分数$$

分数 $\frac{1}{4}$ を例にとりましょう。この分数に、どんな猫まね分数、たとえば $\frac{2}{2}$ を掛けても、一つの同値な分数を得るでしょう。$\frac{1}{4} = \frac{1}{4} \times \frac{2}{2} = \frac{1 \times 2}{4 \times 2} = \frac{2}{8}$ というふうに。実際、97ページで求めた同値な分数を、猫まね分数で書き直すことができます。

猫まね分数 $\frac{2}{2}$ を掛けて $\frac{1}{4} = \frac{1}{4} \times \frac{2}{2} = \frac{1 \times 2}{4 \times 2} = \frac{2}{8}$、

猫まね分数 $\frac{3}{3}$ を掛けて $\frac{1}{4} = \frac{1}{4} \times \frac{3}{3} = \frac{1 \times 3}{4 \times 3} = \frac{3}{12}$、
猫まね分数 $\frac{4}{4}$ を掛けて $\frac{1}{4} = \frac{1}{4} \times \frac{4}{4} = \frac{1 \times 4}{4 \times 4} = \frac{4}{16}$、
猫まね分数 $\frac{5}{5}$ を掛けて $\frac{1}{4} = \frac{1}{4} \times \frac{5}{5} = \frac{1 \times 5}{4 \times 5} = \frac{5}{20}$。

> **要注意！** $\frac{0}{0}$ という表現は、猫まね分数ではありません。なぜかというと、$\frac{0}{0}$ は、数学では定義されていないからです。$\frac{0}{0}$ を見たことはないでしょう。それは、まったく値というものを持たないからです。実は、0 を分母にもつことは、絶対にできないのです。冗談ぬきで、本当にそうなのです。

練習問題

次の分数に、猫まね分数の $\frac{2}{2}$, $\frac{3}{3}$, $\frac{10}{10}$ を掛けて、同値な分数に書き直してください。はじめの問題は、わたしがしてみせましょう。

1. $\frac{2}{7} =$

解：$= \frac{2}{7} \times \frac{\mathbf{2}}{\mathbf{2}} = \frac{2 \times 2}{7 \times 2} = \frac{\mathbf{4}}{\mathbf{14}}$
$= \frac{2}{7} \times \frac{\mathbf{3}}{\mathbf{3}} = \frac{2 \times 3}{7 \times 3} = \frac{\mathbf{6}}{\mathbf{21}}$
$= \frac{2}{7} \times \frac{\mathbf{10}}{\mathbf{10}} = \frac{2 \times 10}{7 \times 10} = \frac{\mathbf{20}}{\mathbf{70}}$

答え：$\frac{2}{7}$ と同値な分数は、$\frac{4}{14}$, $\frac{6}{21}$, $\frac{20}{70}$ を含む。

2. $\frac{1}{2} =$
3. $\frac{4}{3} =$
4. $5 =$

(ヒント：5を $\frac{5}{1}$ と書き直してから、他の分数と同じことをすれば、よいのです。)

> **みんなの意見**
>
> 「実際、本気で注意すれば、数学はとっても簡単。」アレクシス（13 歳）
>
> 「昔は、数学なんて時間の無駄だと思っていたけど、今になって、数学がどんなに重要なものか見えてきた。数学は、サイエンスに、音楽に、学校に、そして、毎日の生活に重要な役割を果たしている。」ブリアナ（12 歳）

分数の約分

あなたが、数学の問題（文章題など）で分数を使うものを解こうとするとき、問題文は普通、答えは、"既約分数" あるいは、"最も簡単な分数" で表しなさいという指示を含んでいるでしょう。

あるいは、"あなたの答えを約分しなさい。" という指示かもしれません。これは、分数をできるだけ小さな数で表しましょう、という意味です。

言い換えると、分数を約分しなさいと言われたときは、あなたは、同じ値を持つ分数のうち、できるだけ小さな

数で表現された分数を見つけなさいと、言われているのといっしょなのです。小さな数のほうが、扱いやすいでしょう？　わたしは、だれかがわたしに、わかりやすくて見た目に単純な、約分された $\frac{1}{2}$ のような分数を見せてくれたほうが、$\frac{32}{64}$ のような表現よりは、ずっとうれしい。

　でも、$\frac{1}{2}$ と $\frac{32}{64}$ は、まったく同じ値を持っているんだということを忘れないでね。二つは、同値な分数なのです。それらは、同じ量のピザを表しているのです。

ここがポイント！　あなたが分数を約分するとき、その約分された結果の分数は、はじめの分数と同値な分数なのです。あなたは約分することによって、分数の値を変化させてはいないので、その二つの分数が同値なのは、納得がいくでしょう。あなたがわかっているように、同値な分数は違う数を使っているけれど、まったく同じ値を表しているのです。

　「では実際、どうやって、"大きな数" を使って表された分数を "小さな数" を使った分数に変換するのですか？」よくぞ、訊いてくれました。

分数の約分 ＝ その隠された猫まね分数をとりのぞくこと

わたしたちが、どうやって猫まね分数を掛けることによって同値な分数をみつけたか、覚えているでしょうか？

6 分数の約分　103

$$\frac{2}{3} = \frac{2 \times 4}{3 \times 4} = \frac{8}{12}$$

分数の約分は、ちょうど、これの逆操作なのです。猫まね分数を掛けるかわりに、わたしたちが今したいことは、隠された猫まね分数をみつけて、それらを割ることによって、まるでそれらがなかったかのように消し去ってしまうことなのです。

たとえば、分数 $\frac{8}{12}$ を約分してみましょう。

まず、分子と分母が共通の約数を持たないか、見てみることです。なぜかというと、もし公約数を持てば、その公約数を分子と分母に持つ猫まね分数がそこに潜んでいるからです。分数を約分するためには、わたしたちは、探偵になる必要があります。わたしたちは、隠れている猫まね分数を狩り出して、それらが、そこにいた証拠をすべて消し去らなければならないからです。

数 4 は 8 と 12 の約数なので、8 と 12 は、次のように表されることがわかります。

$$8 = 2 \times 4$$
$$12 = 3 \times 4$$

そこで、わたしたちは、8 のかわりに "2×4" を、12 のかわりに "3×4" を代入して、$\frac{8}{12}$ を $\frac{2 \times 4}{3 \times 4}$ と書き直すことができます。

$$\frac{8}{12} = \frac{2 \times 4}{3 \times 4}$$

ああ！見えてきましたね。昔々純真無垢な $\frac{2}{3}$ が、ずる

がしこい猫まね分数の $\frac{4}{4}$ と掛け合わされていたようです。その結果、$\frac{8}{12}$ という、値としては全く同じでも、わたしたちの好みからすると、はるかに大きな数を使って表されていたのでした。

だから、昔々起こった事は $\frac{2}{3} = \frac{2 \times 4}{3 \times 4} = \frac{8}{12}$ だったので、今度はそれを元に戻して、$\frac{8}{12} = \frac{8 \div 4}{12 \div 4} = \frac{2}{3}$ とすることができるのです。

あなたは、気がつかなかったかもしれないけれど、今、わたしたちは、$\frac{8}{12}$ を $\frac{2}{3}$ というもっとも単純な形に約分できたのです。

> この言葉の意味は？・・・既約分数
> ある分数が既約分数であるとは、分子（上の数）と分母（下の数）が、公約数を持たないときのことを指します。それは、"最も単純な形式" や、"既約項"、あるいは "最も単純な項" などとも呼ばれます。

割り算 対 "消去法"

もっとも普通に使われている約分のしかたは、わたしたちが最後の例でやったように、公約数（足跡を追跡する探偵のように、猫まね分数を追い詰めてそれらを割って消し去る！）で分子と分母を割ることです。

$$\frac{8}{12} = \frac{8 \div 4}{12 \div 4} = \frac{2}{3}$$

6 分数の約分

ところで、あなたはしばしば、その分数の上と下にある共通項を消去しなさい、と言われるでしょう。

たとえば $\frac{8}{12}$ の場合、分子と分母を約数の掛け算(積)として書き直したうえで、共通な数を消去する。または、暗算で消去するかもしれません。

$$\frac{8}{12} = \frac{2 \times \cancel{4}^1}{3 \times \cancel{4}_1} = あるいは単に \frac{\cancel{8}^2}{\cancel{12}_3} = \frac{2}{3}$$

わたしは、消去するのが大好き。きらいな人なんているかな? とっても、すっきりする。それは数を小さくするし、すべてこぎれいになるように見える。まるでそれは、あなたがしなければいけない数学の宿題を消し去っているようなものだから!

でもあなたがなぜ、消去できるのかを理解することが大切。そうでないと、みんなが"消去ハッピー"になってしまい、なんでも数を見れば線を引いて消去してしまうことになりかねません。はー。わたしは、ここにあなたを消去します…! さぁ、どんなとんでもない問題が起こるか、わかっていただけたでしょうか?

> **要注意!** 分数の値を保ったまま、分子と分母にある数を掛けたり、割ったりすることはできます。でも、ある数を足したり引いたりしてはいけません。さもないと、分数の値を変えてしまうからです。たとえば $\frac{3}{6}$ と $\frac{3-3}{6-3} =$

$\frac{0}{3}$ は、同じ値ではありません。(これをすると、分数の値が変化してしまうので、やめましょう！)実は、分子と分母を同じ数で割っても分数の値が変わらないのは、本質的に、この割り算が、猫まね分数の掛け算の逆操作をしているにすぎないからなのです。

わたしたちは、猫まね分数(その値は、常に1でした)をある分数に掛けても、その値を変化させないということを知っています(98ページ参照)。だから、反対の操作をしても、その値が変わらないのは納得できることでしょう。

もし、あなたがサングラスを持っていて、それを開いたとします。その操作は、サングラスの'価値'を変えることはありません。したがって、あなたが逆の操作でサングラスを閉じたとしても、明らかにその価値を変えたりはしないでしょう。

分数を既約分数に直す戦略

下記にあげたのは、どうやって分子と分母を割る数を探し出すかという戦略法です。——なぜかというと、約分で最も難しいのは、どんな猫まね分数が内側に潜んでいるか、探すことだからです。その後、実際に割り算する(または、消去法を使う)ことは、簡単だからです。

戦略その1：最大公約数法。あなたは、分子(上の数)と、分母(下の数)の最大公約数を求めることができます。そして、その最大公約数で両方の数を割るのです。最大

公約数の求め方については、第2章を参照しましょう。わたしのお気に入りは、ウェディング・ケーキ方式です。

　戦略その2：分割征服法。 あるいは、あなたはまず、分子と分母が共通に持つ小さい公約数を見つけ、それで分母と分子を割るということを、これ以上公約数が見つからなくなるまで続ける。12ページにある約数の見つけ方が、とてもこの方法においては重宝します(あなたが暗記できるまで、練習することがお奨め)。わたしがこれを分割征服法と呼びたい理由は、これがまるで、公約数を一つずつ使って、あなたの刀か何かで、それらを切り捨てていくように思われるからです。

　どちらでもあなたの好きな方法で、同じ結果にたどりつくことができます。つまり、どの公約数がその分数の分子と分母で共有されているのか探し出し、それらの約数で分母と分子を割ることによって、隠れている猫まね分数を取り除くことができるからです。

> **要注意！** "約分する"という言葉の響きから、その分数の価値を少なくしていくように思えるかもしれませんが、それは正しくはありません。分数を約分することで、その分数の値が変わることはありません。ただ、分数の姿をたくさんの猫まね分数(公約数を分母分子にもつ分数で、その値は1)をできるだけ取り除くことによって、その分数をより単純化しているだけのです。

ステップ・バイ・ステップ

最大公約数を使っての約分で、既約分数に直す方法

ステップ **1.** 分子(上の数)と分母(下の数)の最大公約数を見つける。(第2章で復習しましょう。)

ステップ **2.** その分子と分母を求めた最大公約数で割って、できあがり。

分割征服法による約分で、既約分数に直す方法

ステップ **1.** 分子(上の数)と分母(下の数)を、じっとにらんで、何か共通の約数がないか調べる。

ステップ **2.** 見つけた公約数で、両方を割る。

ステップ **3.** 上と下の公約数がなくなるまで、これを繰り返して、終わり。

スタート! レッツ ステップ・バイ・ステップ実践

最大公約数を使って $\frac{12}{30}$ を既約分数に直してみましょう。

ステップ **1.** 最大公約数をみつけるために、ウェディング・ケーキ方式(28 ページ)を使いましょう。

$$2\underline{|12\ \ 30|} \quad \rightarrow \quad \begin{array}{c|cc} 2 & 12 & 30 \\ \hline 3 & 6 & 15 \\ \hline & 2 & 5 \end{array}$$
$$6\ \ 15$$

左側にある二つの数が、2と3なので、最大公約数は$2 \times 3 = 6$です。

ステップ 2. 次に、上と下を6で割りましょう。

$$\frac{12}{30} = \frac{12 \div 6}{30 \div 6} = \frac{2}{5}$$

2と5は、どんな共通の約数も持たないので、わたしたちは、この分数をもっとも単純な形、既約分数に直すことに成功しました。約分の途中で、等号を使うことを強くお奨めします。なぜかというと、等号を使うことによって値が常に保たれていることを、自分自身にも念押しできるからです。

テイク
ツー！　別の例でためしてみよう！

分割征服法を使って$\frac{30}{54}$を既約分数に直してみましょう。

ステップ 1. 上と下で何か、共通の約数はありますか？ 両方とも偶数なので、2を公約数として持ちます。

ステップ 2. では、上と下を2で割りましょう。

$$\frac{30}{54} = \frac{30 \div 2}{54 \div 2} = \frac{15}{27}$$

ステップ **3.** 上と下で公約数がなくなるまで、これを繰り返す。さて、3 が 15 と 27 を割り切るので、上と下を 3 で割りましょう。

$$\frac{15}{27} = \frac{15 \div 3}{27 \div 3} = \frac{5}{9}$$

アハー。5 と 9 は公約数を持たないので、これでおしまい。答え：$\frac{30}{54}$ は、既約分数で表すと $\frac{5}{9}$ である。

見ての通り、分割征服法は、最大公約数法よりも少し長く時間がかかります。

でも、特にあなたが大きな数からはじめなければいけないときは、どうはじめるのがいいか、とても役に立つでしょう。

たとえば、$\frac{128}{192}$ を例にとりましょう。これは、こんなふうにいくかもしれません。

「ウーム、ちょっと面倒くさい気がするけど、そうね、両方とも偶数だから、とりあえず上と下を 2 で割ることからはじめてみようかな。」

$$\frac{128}{192} = \frac{128 \div 2}{192 \div 2} = \frac{64}{96}$$

「へー、見て！ 両方ともまた偶数だ。もう一度 2 で割ると。」

$$\frac{64}{96} = \frac{64 \div 2}{96 \div 2} = \frac{32}{48}$$

「オーケー。そう、またしても両方とも偶数だけど、わたしの掛け算九九の表を参考にすると、両方とも 8 で割り切れることがわかる。」

6 分数の約分　111

$$\frac{32}{48} = \frac{32 \div 8}{48 \div 8} = \frac{4}{6}$$

「そう、いまだに、両方とも偶数だということは、まだ猫まね分数がそこに潜んでいるということだから、さぁ、それを追い出してみましょう。」

$$\frac{4}{6} = \frac{4 \div 2}{6 \div 2} = \frac{2}{3}$$

「とうとう！ オーケー、2と3はどんな公約数も持たないので、これで終了。分数 $\frac{128}{192}$ は、既約分数で表すと $\frac{2}{3}$ である。」

なんてこと、陰に隠れたすべての猫まね分数をさぐってみれば、残りは、小さくて純真無垢な $\frac{2}{3}$ だったとは！ そうです、もしあなたが、あるパイの $\frac{128}{192}$ を食べたとしたら、そのパイの $\frac{2}{3}$ を食べてしまったことになるのです。二つの分数は、同じ量を表しています。もちろん、あなたは最大公約数を使うこともできたはず(128と192の最大公約数は、64)だけど、その方法でも、しばらく時間はかかったはずです。

　最低限のルール：大きな数についてのわたしのアドバイスは、大きな数、たとえば50以上の数には、最大公約数法を使わない。公約数の大きさがどんどん大きくなってしまう。わたしは、大きな数を扱うときは、まず両方の数が50以下になるまで小さくし、それから、最大公約数法が使いたければ使うということにしています。

練習問題

次の分数を、最大公約数法か分割征服法か、あるいは両方の組み合わせを使って、既約分数の形になおしましょう。はじめの問題は、わたしがしてみせましょう。

1. $\frac{48}{63}$

解：二つの数は比較的大きいので、12 ページにある簡単約数テストを使って、上の数も下の数も **3** で割り切れることに気づくでしょう。そこで、$\frac{48}{63} = \frac{48 \div \mathbf{3}}{63 \div \mathbf{3}} = \frac{16}{21}$ と計算されます。さて、次は？ わたしは、21 の約数は 3 と 7 だけであること(しかも、それらは素数)を知っているし、そのどちらも 16 の約数ではないから、これで既約分数になっています。おしまい。

答え：$\frac{16}{21}$

2. $\frac{12}{18}$
3. $\frac{146}{168}$
4. $\frac{132}{165}$

 この章のおさらい

- 二つの分数が同値であるとは、それらが同じ値を持つことを意味しています。それらは、そのまったく同じ値を表す二つの表記法を表現しているのです。

- 日本語や英語でもそうであるように、数学でも、同じ価値を表すやり方がたくさんあるのです。特に、分数に対してはそうなのです。

- ある同値な分数をみつけるためには、単純に、ある分数に猫まね分数を掛け合わせるとよい。

- 分数を約分しても、その値は変わりません。結局のところあなたは、猫まね分数(その値は、いつも1)を掛ける操作の逆向きに歩いているだけなのです。

- 猫まね分数を掛けたり、猫まね分数で割ったりするのは、その上の数と下の数にその公約数を掛けたり、それらをその公約数で割ったりしていることと同じなのです。

- ある分数を既約分数に直すためには、その分子(上の数)と分母(下の数)をそれらの公約数で割る——いっぺんにしてもいい(最大公約数を使って)し、あるいは、これ以上公約数がなくなるまで、(分割征服法で)割り続けてもよい。

7 分数の比較

 たとえば、あなたとあなたのお姉さんが別々に自分のピザを注文したとしましょう。ところがどちらも、どのトッピングがいいのか決めかねていたとしましょう。(ハムとパイナップルもとてもおいしそう。でも、結局のところ、野菜が一番の好物。) そこで、あなたは野菜のトッピング、お姉さんは、ハムとパイナップルのトッピングを頼んで、あなたたちは、あとで分け合うことにしたとします。

 しかしピザが到着するやいなや、あなたのお姉さんは、親友と今度のパーティに着ていく洋服選びの手伝いをする約束があったことを、思い出しました。お姉さんは今、そのピザを分けて、友達の家に自分の分を持って行きたいのです。ピザの箱を開いてみると、その二つのピザの大きさは全く同じなのですが、切り分けられ方が同じではなかったのです。あなたのピザは 8 等分されており、お姉さんのは 6 等分にされていたのです。

 お姉さんは、あなたにハムとパイナップルのスライスのうち 2 切れ(丸ごとピザの $\frac{2}{6}$)を渡し、あなたは、野菜ピザの 3 切れ(丸ごとピザの $\frac{3}{8}$)をお姉さんに渡しまし

た。するとお姉さんは、あなたはもう一切れ渡すべきだと、不平を言い出しました。

なぜかというと、あなたのピザは、とても小さく切り分けられているからです。彼女の言っていることは、正しいのでしょうか？ それともお姉さんは、あなたの正当な取り分をごまかそうとしているのでしょうか？ とにかく、どちらのピザが、量的に大きいのでしょう？

二つの分数を比較するのが、簡単なこともあります。たとえば、あなたは即座に、$\frac{1}{2}$ と $\frac{2}{4}$ が等しいことに気がつくでしょう。それらは、同じ量を表す二通りのやり方だからです。それから、二つの分数が同じ分母を持つとき、たとえば $\frac{1}{3}$ と $\frac{2}{3}$ のように。こういう場合は、単に分子を比較すれば、どちらが大きいかわかります。また、$\frac{1}{3}$ が $\frac{1}{8}$ より大きいのも、一目瞭然でしょう？ 結局のところ、あなたがピザを3等分して、そのうちの一切れをとると、その一切れは、同じピザを8等分したときの一切れよりも大きいでしょう。でも、$\frac{1}{7}$ と $\frac{2}{11}$ ではどちらが大きいでしょう？ また、$\frac{4}{6}$ と $\frac{34}{51}$ では、どうでしょう？ ウーム。（信じられないかもしれないけれど、$\frac{4}{6}$ と $\frac{34}{51}$ は、同値な分数なのです。それらは、まったく同じ量のピザを表しているのです。）

この言葉の意味は?・・・記号の復習

記号 < は、"より小さい" という意味を表します。たとえば、$\frac{1}{3} < \frac{2}{3}$ のように。

記号 > は、"より大きい" ことを指します。たとえば、$\frac{1}{7} > \frac{1}{8}$ です。

ちょうど、記号の < や > を、お腹をすかした小さなワニの口と思うといいでしょう。かれらはいつも大きな数を食べたいのですから! いまだにわたしは、こうやって区別しているのです。あなたは、わたしが冗談を言っていると思うかもしれないけれど、本当の話です。

それからもう一つ、問題を解く過程で、大小関係がまだわからないときには、二つの分数の間に一時的に丸印を使うと便利です。(すぐに、その例を見ることでしょう。)

つまり、計算を進める途中では、仮の記号、不等号の代用として丸印をつかい、最後に結論がでたら、その丸の代わりに、どちらかの不等号 < か >、あるいは = を書き込んで、あなたの最終解答とするわけです。(119-120 ページの例参照。)

分数の比較：猫まね分数で分母を同じにする

もし、$\frac{1}{8}$ と $\frac{3}{8}$ を比較したいのであれば、簡単に $\frac{1}{8} < \frac{3}{8}$ とわかります。なぜかというと、両方とも同じ分母（下の数）を持っているときは、分子（上の数）が、どちらの分数が大きいか語ってくれるからです。

しかし、ここで、$\frac{1}{2}$ と $\frac{3}{8}$ を比較したいとしましょう。この場合、分子も分母も同じではないので、そう簡単にはどちらとも言えません。どうしたらいいのでしょうか？

一つの分数に、猫まね分数を掛ける（この掛け算がその分数の値を変えないことは、わかってました）ことによって、同じ分母を持つようにできるでしょう。

この場合、$\frac{1}{2}$ に猫まね分数の $\frac{4}{4}$ を掛けましょう。その結果、8を分母に持つようにできるでしょう。

$$\frac{1}{2} = \frac{1 \times 4}{2 \times 4} = \frac{4}{8}$$

さぁこれで、ずっと簡単になりました。

$$\frac{4}{8} > \frac{3}{8}$$

$$\Downarrow \quad \Downarrow$$

$$\frac{1}{2} > \frac{3}{8}$$

ステップ・バイ・ステップ

猫まね分数を使って、二つの分数を比べる。

ステップ **1.** 一方の分数に、猫まね分数を掛けることによって、両方の分母を同じにする。

ステップ **2.** 新しい分子同士を比較する。これが、どちらの分数が大きいかを語ってくれる。終わり。

ステップ・バイ・ステップ実践

$\frac{5}{7}$ と $\frac{13}{21}$ を比べましょう。

ステップ **1.** わたしたちは、分母を同じにしたいのですが、$7 \times 3 = 21$ ということを知っています。というわけで、$\frac{5}{7}$ の上下に 3 を掛けましょう。これを実行するために、わたしたちは猫まね分数の $\frac{3}{3}$ を使います。

$$\frac{5}{7} = \frac{5 \times 3}{7 \times 3} = \frac{15}{21}$$

ステップ **2.** ああ、断然やさしい。こうすると $\frac{15}{21} > \frac{13}{21}$ がわかるので、

答え: $\frac{5}{7} > \frac{13}{21}$

テイク ツー！　別の例でためしてみよう！

　もし、二つの分数 $\frac{5}{8}$ と $\frac{2}{3}$ を比べたいときは、どうしたらいいでしょう。この場合、一方に掛けて、他方が得られるような猫まね分数はありません。そこで、二つの猫まね分数を使おうというわけです。一つずつ、それぞれの分数に使います。これを禁止する法律でもあるのでしょうか？　そんな決まりは、聞いたことがありません。

　ステップ1. これら二つの分数の分母を同じにするために、わたしたちは、もう一方の分数の分母を見て、その数を使って猫まね分数を作ります。$\frac{5}{8}$ に対しては、もう一方の分数の分母、それは3ですので、$\frac{5}{8}$ に $\frac{3}{3}$ を掛けるのです。

$$\frac{5}{8} = \frac{5 \times 3}{8 \times 3} = \frac{15}{24}$$

そして $\frac{2}{3}$ に対しては、はじめの分数の分母が8なので、$\frac{2}{3}$ に $\frac{8}{8}$ を掛ける。

$$\frac{2}{3} = \frac{2 \times 8}{3 \times 8} = \frac{16}{24}$$

だから、あなたのノートは、次のようになっているかも知れません。

$$\frac{3}{3} \times \frac{5}{8} \bigcirc \frac{2}{3} \times \frac{8}{8}$$

7 分数の比較 121

$$\rightarrow \frac{15}{24} \bigcirc \frac{16}{24}$$

ステップ 2. さて、$\frac{15}{24} < \frac{16}{24}$ は明らかなので、答えは、$\frac{5}{8} < \frac{2}{3}$ となります。

練習問題

どちらの分数が大きい、あるいは二つが同値であるかを、まず、それらの分母を（猫まね分数を使って）同じにすることによって決定しなさい。はじめの問題は、わたしがしてみせましょう。

1. $\frac{3}{4}$ と $\frac{5}{7}$

解：さて、4 を 7 に直す猫まね分数は存在しないので、二つの猫まね分数を使って、両方の分母を直す必要があります。$\frac{3}{4}$ に $\frac{7}{7}$ を掛け、$\frac{5}{7}$ に $\frac{4}{4}$ を掛けることによって、同じ分母が得られます。こうしてわたしたちは、$4 \times 7 = 28$ を分母にもつ二つの分数に直すことができます。

$$\frac{7}{7} \times \frac{3}{4} \bigcirc \frac{5}{7} \times \frac{4}{4}$$

$$= \frac{21}{28} \bigcirc \frac{20}{28} \rightarrow \frac{21}{28} > \frac{20}{28}$$

答え：$\frac{3}{4} > \frac{5}{7}$

2. $\frac{3}{4}$ と $\frac{4}{5}$
3. $2\frac{1}{3}$ と $\frac{21}{9}$

4. $\dfrac{5}{11}$ と $\dfrac{1}{2}$

近道を教えるよ！
たすきがけ

どのように二つの分数を比べるか、つまり、それらに猫まね分数を掛けて分母を同じにするやり方を学ぶのは、とても大切なことです。なぜなら、同値な分数の作り方をもっと練習することになるし、同値な分数をマスターすると後から出てくる、たくさんの数学の問題を解くのにとても有利だからです。それはさておき、今はあなたに、二つの分数を比べることだけが目的のときにとても便利な方法——たすきがけ——をご披露しましょう。

はい、これはこんなふうに使います。その二つの分数を隣り合わせに書き出して、それから、下から上に向かった対角線方向に掛け合わせます。これをたすきがけといいます。それから、二つのたすきがけの結果を比べます。どちらにしろ、掛け算の答えが大きいほうが、大きな分数になります。前にあげた $\dfrac{1}{2}$ と $\dfrac{3}{8}$ で、今回はたすきがけをして、その積を比べましょう。

$$\overset{8}{}\dfrac{1}{2}\!\!\!\diagtimes\!\!\!\overset{6}{}\dfrac{3}{8}$$

8は6よりも大きいので、$\frac{1}{2} > \frac{3}{8}$ とわかります。なかなか良いでしょう？

この言葉の意味は？・・・たすきがけ

たすきがけは二つの分数を対角線に下から上に向かって掛け算するやり方です。あなたがその結果得られた積は、対角積と呼ばれます。大きいほうの積がどちらが大きい分数なのかを語ってくれます。もし対角積が等しいのであれば、その二つの分数は、同値な分数同士であるということです。たとえば $\frac{2}{5}$ と $\frac{6}{15}$ を比べると、

これらの対角積は両方とも 30 なので、これらの分数は等しいことがわかります。というわけで、$\frac{2}{5} = \frac{6}{15}$ と書くことができます。

ステップ・バイ・ステップ

二つの分数をたすきがけを使って比べる。

ステップ 1. その分数を横に並べて書き出す。（帯分数の場合は、仮分数に直してから横に並べる。）

ステップ 2. 対角線に沿って、下から上に掛け算を実行する。そしてその結果、対角積をその分数の上に書きとめる。

ステップ 3. どちらか、大きい対角積を持つほうが、大きな分数になる。(そしてもし、二つの対角積が等しければ、それらは同値な分数である。)

レッツスタート！ ステップ・バイ・ステップ実践

覚えているかな？ 116ページで紹介した、ちょっと信じられない例のこと。そこでわたしは、$\frac{4}{6}$ と $\frac{34}{51}$ が等しいと言いました。さて、これについてはどうなのか、早速、見てみましょう。

ステップ 1, 2.

見ての通りです。

ステップ 3. 二つの対角積は、204 = 204 と等しいので、二つの分数は同値であることがわかりました。
答え：$\frac{4}{6} = \frac{34}{51}$

ところで、51 は素数のように見えて、実はそうではない数の一つです。実際、51 = 3×17 であり、また 34 =

2×17なので、$\frac{34}{51}$ は、既約分数として $\frac{2}{3}$ まで落とせるのです。

ここがポイント！　もしあなたが、たすきがけで二つの分数を比較する場合、その分数に使われている数が大きいとき(そしてあなたが、長い掛け算をしたくないとき)は、いつでも、そのうちの一つ、あるいは両方を、たすきがけの前に値を変えずに約分する、あるいは、既約分数に直すことができるのです。

結局のところ約分は、その分数の値を変化させることはないのだし、そして、その値同士を比較しようとしているのですから。そうではありませんか？

テイク ツー！　別の例でためしてみよう！

さぁ、$3\frac{2}{3}$ と $\frac{34}{10}$ を比較してみましょう。どちらが大きいでしょう？

まず、帯分数の $3\frac{2}{3}$ を仮分数に直しましょう。なぜって、帯分数に何かを"したい"ときには、仮分数に直してからのほうが、はるかにやりやすいということがわかっているからです。それでは、MAD方式(66ページ参照)で、これを $\frac{11}{3}$ に直しましょう。

ステップ1. というわけで、わたしたちの問題は、$\frac{11}{3}$

と $\frac{34}{10}$ の比較と言い換えることができました。これで、たすきがけをやってしまってもいいのですが、まず二番目の分数、$\frac{34}{10}$ を既約分数に直すことによって、長ったらしい掛け算を避けることができます。結局のところ、34も10も偶数なので、上と下を2で割ることができます。

$$\frac{34}{10} = \frac{34 \div 2}{10 \div 2} = \frac{17}{5}$$

ステップ2. ここまでで、問題は $\frac{11}{3}$ と $\frac{17}{5}$ の比較というふうに置き換えられました。そこで、下から上への対角線上の積は、$5 \times 11 = 55$ と、$3 \times 17 = 51$ と求められました。

ステップ3. さて、55 > 51 なので、$\frac{11}{3} > \frac{17}{5}$ がわかりました。これらを元の形に直してやると、$3\frac{2}{3} > \frac{34}{10}$ が最終的な答えです。

練習問題

たすきがけを使って、次の数の大きさを比較しなさい。はじめの問題は、わたしがしてみせましょう。

1. $\frac{8}{9}$ と $\frac{11}{12}$

解：どちらの分数も、約分できない(どちらも、もっとも単純な形である既約分数になっている)ので、そのまま、たすきがけをしましょう。

$$\underset{9}{\overset{\textcircled{96}}{8}} \diagdown\!\!\!\!\!\diagup \underset{12}{\overset{\textcircled{99}}{11}}$$

$12 \times 8 = 96$ と $9 \times 11 = 99$ を比べると、99のほうが大きいので、

答：$\dfrac{8}{9} < \dfrac{11}{12}$

2. $\dfrac{20}{14}$ と $\dfrac{90}{60}$（ヒント：まず約分してみましょう！）
3. $\dfrac{1}{21}$ と $\dfrac{1}{22}$
4. $\dfrac{100}{3}$ と $\dfrac{3}{100}$
5. $\dfrac{17}{51}$ と $\dfrac{1}{3}$
6. $\dfrac{2}{6}$ と $\dfrac{3}{8}$

ウーム。分数の $\dfrac{2}{6}$ と $\dfrac{3}{8}$ は、どこかでみかけたような？ それらは、あなたとあなたのお姉さんが、この章のはじめのほうで、交換し合ったピザの量でした。

ちょっと待ってください。あなたのお姉さんは、そのピザの取り分をごまかそうとしたのでしょうか？ たぶんお姉さんは、分数を理解していなかったのじゃないでしょうか？(わたしは、このことで、お姉さんを助けてあげられる人のことを思い描くことができます！)

この章のおさらい

- 分数の大きさを比較するとき、分母が同じであれば、一番比較しやすい。もし、それらがそうでない場合は、猫まね分数を使って、分母を同じにすることができる。

- たすきがけとは、あなたが、二つの分数を下から上への対角方向に掛けて、その対角積をその分数の上のほうに書くことである。大きな対角積をもつ分数のほうが、大きい。

- 約分することによって、その分数の値が変化することはない。それは通常、分数の比較をより簡単に、すばやくする効果がある。とてもいい方法では、ありませんか?

みんなの意見

「頭のいい女の子たちは、断然、優れている。彼女たちは、ある程度の尊敬を要求する権利があると思います。」リッチ(18歳)

「わたしが思うに、頭のいい女の子たちは、生きていく上でもっとも広い選択範囲を持っている。彼女たちは、バリバリのビジネス・ウーマンにもスーパースターにもなれるし、主婦にだってなれる。なぜって彼女たちは、たいていのことに対して、どうすればよいかを知っているから。」アイリス(15歳)

「わたしは、女の子たちが本当にできることを示すのを恐れて、頭が悪いことを装うのを見るのは、嫌い。」エプリル(15歳)

先輩からのメッセージ

ジェシカ・タン（ニューヨーク州ニューヨーク市）
過去：高校時代の勉強仲間
現在：ニューヨーク証券取引所の花形

　中学のとき、数学はわたしの得意科目でした。父がわたしに教えたのは、数学ができると、たくさんの分野で優位にたてるということでした。それは買い物をするとき、値段を比べたりすることにはじまり、カードゲームをするときにまでいたるということでした。わたしのおこづかいの予算をたてるときに使う基本的な数学であろうと、お誕生日のケーキを等分するのに使う分数だろうと、数学はいたるところに存在していて、その数学が得意だということは、本当にたくさんの他のことをも、より簡単にしてくれるのだと、気が付きました。

　しかし、すべてが簡単だったというわけではありません。ある日のこと、幾何の時間に、ある生徒が、わたしがその子よりも試験で良い成績をとったことを理由に、わたしのことを"点取り虫"と呼んだのです。わたしは、とてもショックでした。わたしはそれが誰であろうと、わたしが頭が良いという理由で、わたしを罰するかもしれないということが、理解できませんでした。数年後、同じ生徒と高校の微積の授業でいっしょになりました。

　そこで彼女がわたしに告白したことは、彼女は、誰であれ、数学の得意な人には嫉妬心を起こしていたということでした。なぜかというと、いつも彼女は数学で苦しんでいたからでした。彼女は、自分が中学のとき、子どもっぽかったことを（そしてわたしを"点取り虫"と呼んだことを）わたしに、あやまりました。それだけでなく、次の試験に向けていっしょに勉強してもいいか、たずねてきました。

　思い返してみると、わたしは自分が"点取り虫"と呼ばれた

ことぐらいで、とても大事なことから逃げ出してしまったりしないだけの勇気があったということに、感謝しています。そして、決して数学でがんばることを止めなかったことも、とてもうれしく思っています。なぜかというと、そのおかげで今の大好きな仕事につけたからです。

今、わたしは、ある投資銀行のセールス部門で働いています。わたしは証券市場とともに働いており、そこでは、いろいろな会社間で有価証券（株式、公社債など）を売ったり買ったりの取引が行なわれているのですが、それが、本当に面白いのです！

あなたが、もし、ある会社の株式を買ったとすると、あなたは、その会社の所有者の一人、株主になるのです。たとえば、"ロッキング・レコード"という会社があって、全部で7,000,000,000 ドルの価値があったとします。そして、わたしが一枚 80 ドルの株券を 100 枚もっていたとします。そうするとわたしは、次の計算から、その会社の 0.00011% を所有していることになります： $\frac{\$80 \times 100}{\$7,000,000,000} = 0.00011\%$

そこでもしわたしが、ロッキング・レコードの株式が来年までに 20% 上昇すると予想すると、一枚の株式証券は、$80 \times 1.20 = 96$ で、いずれ 96 ドルになると概算するでしょう。この知識で自分を武装して、それからわたしは、ロッキング・レコードに投資するかどうかを決めることができるのです。

頭がいいということは、誰もあなたから奪い去ったりできないものです。わたしの両親が、いつも一生懸命勉強するように励ましてくれたことは、わたしにとって、とても幸運なことでした。なぜかというと、全部の数学の概念がやさしいというわけではないから。——でも、それらの概念を、今では理解できていることが、とてもうれしいからです。

8 分母を共通にする

　分数の分母が同じ場合、わたしたちは、分数の上のほうで、足したり引いたりできます。このことについて、もう少し話しましょう。

共通分母

　わたしは、親友のキミーとたくさんの共通点を持っています。わたしたちは、そろって環境を守ることに注意を払っているし、ふたりとも音楽、映画、手芸が好き。それと、ふたりとも髪の色が茶色です。（えーと、最後のは、たぶんあまり重要ではないでしょう。）

　わたしたちが共有しているものの中で、もっとも大事なものは、わたしたちをそれぞれわたしたち自身にしてくれている、深いところにある本質的なものです。わたしたちの倫理観、あるいは、わたしたちがどういうふうに世界のことを見ているか、また、そこでのわたしたちの役割をどう考えているかなどです。そうでしょう？ ふたりの共有している、"深いところにあるもの" が、たぶん、わたしたちがこんなに気が合うことを説明してい

るのでしょう。

　ここに、たくさんの共通点を持つ二つの分数、"深い底のほう"——つまり分数の分母と分子を分ける線分より下のほうに共通部分のあるものがあります。

$$\frac{1}{8} と \frac{2}{8}$$

これらは、何を共通に持っているか、わかりますか？　その通り、二つとも同じ分母を持っています。そして、二つの分数が共通の分母を持つとき、それらは本当に気が合うので、いっしょに足したり、引いたりできるのです。たとえば、

$$\frac{1}{8} + \frac{2}{8} = \frac{3}{8}$$

のように、できます。わたしたちは、二つの分子をいっしょに足すことによって、その共通の分母を使って、新しい分数を作ることができるのです。それから、この場合、二つの分数は同じピザに属している、つまり、一つのピザを8等分したとき、$\frac{1}{8}$, $\frac{2}{8}$, $\frac{3}{8}$ は、全部でそのスライスが何枚あるかを表していると、考えることができます。

$$\frac{1}{8} + \frac{2}{8} = \frac{3}{8} :$$

　とても簡単でしょう？　引き算も同じようにできます。というわけで、二つの分数が共通の分母を持っている限り、分子同士の引き算をすれば、いいだけなのです。たとえば、

$\dfrac{7}{12} - \dfrac{2}{12} = \dfrac{5}{12}$: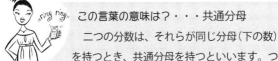

というふうにです。

この言葉の意味は？・・・共通分母

二つの分数は、それらが同じ分母（下の数）を持つとき、共通分母を持つといいます。つまりそれらは、分母が共通しているのです。

要注意！

忘れないこと：あなたが足したり引いたりするときに、同じでなければならないのは、分母（下のほうの数）で、分子（上のほうの数）ではありません。そして、答えを書くときには、その分母を同じに保つことを忘れないようにしましょう。決して、下のほうの数を足したり引いたりしないようにしましょう。

練習問題

次の分数が同じ分母を持つときだけ、いっしょに足したり引いたりしましょう。もし分母が同じでないときは、"異なる分母"と答えましょう。（この場合どうすればいいの

か、すぐに学ぶことになります。)いつも、あなたの答えは既約分数に直しましょう。はじめの問題は、わたしがしてみせましょう。

1. $\frac{6}{7} - \frac{1}{7} = \frac{5}{7}$
2. $1\frac{1}{3} + \frac{4}{3} =$ (ヒント:はじめに、帯分数は仮分数になおしましょう。)
3. $\frac{1}{3} + \frac{1}{7}$
4. $\frac{7}{8} - \frac{3}{8}$
5. $\frac{10}{9} + \frac{8}{9}$

異なる分母

しばしばあなたは、異なる分母を持つ二つの分数を足したり、引いたりすることを求められるでしょう。たとえば、

$$\frac{3}{5} + \frac{1}{2}$$

のように。でもあなたは、このふたりがいかに気が合わないか、わかりますか? 結局のところ、かれらは、大事な"深い下の部分"である分母が共通ではないのです。そしてこれは、共通分母を求め(通分し)ない限り、それらを足したり引いたりできない、という意味です。次の例を考えてみましょう。

次のサラミピザを見てください。一切れのスライスは、

$\frac{1}{6}$ を表しています。

そして、次の野菜ピザのスライスの一つは、$\frac{1}{3}$ にあたります。

でもどうやって、これらを足したりできるのでしょう。

いったい何を書き留めればいいのでしょう？

これは、上と下を両方足そうとすると起こることです。（あなたは、このまねをしないでください。——これは、間違っているのですから。）

$$\frac{1}{6} + \frac{1}{3} \neq \frac{2}{9}$$

しまった！ これは、明らかに間違っていますね。もう一度、考え直しましょう。たぶん野菜ピザを、さらに小さく切るといいでしょう。

野菜ピザを $\frac{1}{3}$ と表す代わりに、もっと小さなスライス

の2切れ、つまり、$\frac{2}{6}$ と表すことができるでしょう。そうすれば、二つを足すことができます。

$\frac{1}{6} + \frac{1}{3} = \frac{1}{6} + \frac{2}{6} = \frac{3}{6}$ となります。さて、答えを既約分数に直しましょう。$\frac{3}{6} = \frac{3 \div 3}{6 \div 3} = \frac{1}{2}$ というわけで、$\frac{1}{6} + \frac{1}{3} = \frac{1}{2}$、このとおり！ わたしたちは、二つの分数の共通分母を見つけて（通分して）二つの分数を足したのでした。

最小共通分母

わたしたちは41ページで、どうやって二つの整数の最小公倍数をみつけるかの復習をしました。（最小公倍数は、二つの数が共有する倍数のうちの一番小さい数です。たとえば、4と3の最小公倍数は、12です。）それらの二つの数が、たまたま分数の分母であるとき、その最小公倍数を最小共通分母と呼びます。わたしたちが、最小共通分母に注目する理由は、それらが同じ分母を持たない分数の足し算や、引き算に使えるからです。

3と6の最小公倍数は6なので、サラミピザと野菜ピザの例で、両方を最小共通分母の6で書き直したのでした。

覚えておいてください。分数は、同じ分母を持つときにだけ、足したり引いたりできるのです。それではもし、

二つの分数が同じ分母を持たないときは、どうしたらいいでしょう？　猫まね分数を使えばいいのです！

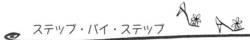
ステップ・バイ・ステップ

違う分母を持つ分数同士の足し算、引き算

　ステップ **1.** その二つの分母の最小公倍数をみつける。この過程はまた、二つの分数の最小共通分母をみつけるとも、呼ばれる。

　ステップ **2.** 猫まね分数を使って、それらの分数を書き直し、それらが同じ分母を持つようにする。

　ステップ **3.** 新しい分数同士を足す。

　ステップ **4.** 必要であれば、最後の答えを既約分数に直す。

スタート！　ステップ・バイ・ステップ実践

　これは、こんなふうに実現できます。たとえば、$\frac{1}{4} + \frac{3}{5}$ を計算したいとしましょう。

　（ところで、ちょっと練習すれば、このような分数の足し算は、たいして時間もかからずにできるようになります。しかしここでは、すべての段階を詳しく説明するこ

とによって、その内容をあなたに理解してもらいたいのです。というわけで、それは、実際より長いように見えるかもしれません。でも、少なくともあなたは、いったい何が起こっているのかわかるでしょう。)

$$\frac{1}{4} + \frac{3}{5} = ?$$

わたしたちは、これらをすぐには足し算できないことを知っています。なぜなら、これらは同じ分母を持たないからです。では、どうしたらいいのでしょう？ ステップごとに、説明しましょう。

ステップ 1. その最小共通分母を求める。さて、二つの分母は 4 と 5 です。そして、44 ページで見たように、4 と 5 の最小公倍数は、20 です。(もし、まだこれがわかっていなかったとすると、4 と 5 のそれぞれの倍数をいくつか書き出して、同じものが見つかるまで続けるか、42 ページで習ったように、ウェディング・ケーキ方式を使って求めることができます。)

ステップ 2. 猫まね分数を使って、その分数たちを、分母が 20 になるように書き直す。もしわたしたちが、$\frac{1}{4}$ を下の数が "20" になるように書き直したければ、わたしたちは、次の質問をするでしょう。20 になるためには、4 に何を掛けたらいいですか？ わたしたちは、掛け算九九の $4 \times 5 = 20$ を使って、わたしたちが探している数は、5 であることがわかります。わたしたちは、その分母を 20 にしたいのですが、$\frac{1}{4}$ という値自体は変えた

くないのです。そこでわたしたちは、猫まね分数である $\frac{5}{5}$ を掛けるわけです。

わたしたちは、猫まね分数の値はどれも 1 であることを知っているので、いつでも、ある分数(あるいは、どんな数に対しても)にその値を変えることなく、1 を掛けることができます。そういうわけで、

$$\frac{1}{4} = \frac{1}{4} \times \frac{5}{5} = \frac{1 \times 5}{4 \times 5} = \frac{5}{20}$$

さて次は、二番目の分数 $\frac{3}{5}$ に対しても、同じことをしましょう。わたしたちは、これを書き直して、分母が 20 になるようにしたいのでした。そこでわたしたちは、自分に向かって、「20 にするためには、5 に何を掛けたらいい？」と、問いかけましょう。そして、その答えが 4 であることは、$4 \times 5 = 20$ であることからでてきます。そこで、猫まね分数 $\frac{4}{4}$ を使って $\frac{3}{5}$ を書き換えることによって、それが 20 を分母に持つようにします。

$$\frac{3}{5} = \frac{3}{5} \times \frac{4}{4} = \frac{3 \times 4}{5 \times 4} = \frac{12}{20}$$

ステップ **3.** さてここまでは、わたしたちの猫まね分数を使って、新しい分数同士を足すことができるようにしました。つまり、

$$\frac{1}{4} + \frac{3}{5} = ?$$

が、$\frac{5}{20} + \frac{12}{20} = \frac{17}{20}$ と、なったわけです。

ということは、

$$\frac{1}{4} + \frac{3}{5} = \frac{17}{20}$$

以上です！

ここがポイント！　ときどき、あなたが足したり引いたりしなければいけない分数が、まず第一に約分できる場合があります。そして、あなたが約分せずにその問題を解こうとすると、不必要に大きな分数を扱うことになり、どうにもできなくなってしまったり、混乱してしまったりするかもしれません。というわけで、始める前に、まず約分することをこころがけましょう。それだけで、あなたの人生はより楽になるでしょう。

テイクツー！　別の例でためしてみよう！

あなたがもし、引き算、$\frac{24}{32} - \frac{1}{12}$ をしたいとすると、どうでしょう？

まずはじめに、$\frac{24}{32}$ を約分しましょう。なぜかというと、それができるし、そうすると数が小さくなって、やさしくなるからです。わたしたちは、24 も 32 も 8 で割れることを知っています。では、それをしてみましょう。$\frac{24}{32} = \frac{24 \div 8}{32 \div 8} = \frac{3}{4}$。そこで、わたしたちの問題は、今や $\frac{3}{4} - \frac{1}{12}$ となりました。これは、見るからに以前より扱いやすそうです。そしてこれも、もちろん、

はじめに与えられた問題に対する答えと、同じ答えをわたしたちに与えてくれるはずです。なぜかというと、わたしたちは約分によって、その分数の値を変化させたりはしていないからです。

ステップ 1. その最小共通分母を求めましょう。最小共通分母は、その二つの分母の最小公倍数と同じなので、それぞれのはじめのいくつかの倍数を書き出してみましょう。（また、ウェディング・ケーキ方式を使って求めることもできます。）

$$4 : 4, 8, \underline{12}, 16$$
$$12 : \underline{12}, 24, 36$$

12 が、最小共通分母です。なぜかというと、それは、それらが共通に持つ倍数のうちの最小の数だからです。

ステップ 2. わたしたちの分数を、猫まね分数を使って、それらの最小共通分母である 12 を新しい分母として持つように書き換えましょう。えーと、わたしたちが書き換えなければならないのは、$\frac{3}{4}$ だけです。わたしたちは、下のほうに 12 が必要なので、猫まね分数の $\frac{3}{3}$ を掛け合わせましょう。

$$\frac{3}{4} = \frac{3}{4} \times \frac{3}{3} = \frac{3 \times 3}{4 \times 3} = \frac{9}{12}$$

ステップ 3. さぁ、二つとも同じ分母を持ちますから、引き算を実行しましょう。$\frac{9}{12} - \frac{1}{12} = \frac{8}{12}$。

ステップ **4.** 可能であれば、約分をしましょう。その通り、8 と 12 は両方とも 4 を約数に持つので、上と下を 4 で割りましょう。

$$\frac{8 \div 4}{12 \div 4} = \frac{2}{3}$$

というわけで、わたしたちの答えは、$\frac{24}{32} - \frac{1}{12} = \frac{2}{3}$ となります。

練習問題

与えられた分数の最小共通分母をみつけて、その分数を共通分母を使って書き直すことによって、その分数の足し算または、引き算を実行しましょう。はじめの問題は、わたしがしてみせましょう。（答えはいつも、既約分数の形で書きましょう。）

1. $\frac{1}{10} + \frac{2}{15} =$

解：二つの分母のはじめのいくつかの倍数を書き出すことによって（あるいは、42 ページで学んだように、ウエディング・ケーキ方式を使って）、最小共通分母をみつけましょう。

さて、猫まね分数を使うことによって、両方の分数を分母が 30 になるように、書き直しましょう。

$$\frac{1}{10} = \frac{1 \times 3}{10 \times 3} = \frac{3}{30} \text{ と } \frac{2}{15} = \frac{2 \times 2}{15 \times 2} = \frac{4}{30}$$

さあ、これらを足してみましょう。$\frac{3}{30} + \frac{4}{30} = \frac{7}{30}$。
ここで、7 と 30 は公約数を持たないので、この分数は、すでに既約分数です。

答え：$\frac{7}{30}$

2. $\frac{7}{15} - \frac{1}{45} =$
3. $\frac{4}{9} - \frac{5}{12} =$
4. $\frac{1}{8} + \frac{2}{9} =$
5. $\frac{6}{18} + \frac{250}{300} =$ （ヒント：最初に、両方の分数を既約分数に直しましょう。）

ここがポイント！　もしあなたが、違った分母を持つ二つの分数を足したり、引いたりすることを頼まれたけれど、ちょっと怠惰な気分のときは、本当のことをいうと、実際にあなたが最小公倍分母をみつける必要はないのです。そのかわり、二つの分母を掛けて、それを共通分母として使うことができるのです。たとえば、142 ページで、$\frac{1}{10} + \frac{2}{15}$ の足し算をするとき、その最小公倍分母である 30 を使うかわりに、ちょっと怠慢になって、$10 \times 15 = 150$ を共通分母として使うことがでさるのです。この場合、猫まね分数を使って、分母を 150 に

書き直します。$\frac{1}{10} \times \frac{15}{15} = \frac{1 \times 15}{10 \times 15} = \frac{15}{150}$ と $\frac{2}{15} \times \frac{10}{10} = \frac{2 \times 10}{15 \times 10} = \frac{20}{150}$。さぁ、それらを足すことができて、$\frac{15}{150} + \frac{20}{150} = \frac{35}{150}$ となります。そこから約分をして、$\frac{35 \div 5}{150 \div 5} = \frac{7}{30}$。この方法は往々にして、大きな数になって、今わたしたちがしたように約分をする必要がありますが、長い目でみると、こちらのほうが速い場合もあります。どちらを選ぶかは、あなた次第です。

> 「わたしは昔、数学はへんてこで、難しいものだと思っていました。ところがある日、すべてのことが理解できるようになったのです。そして、それは単純にわたしに起こったことで、いまでは、数学を何倍も理解できるようになりました。とにかくわたしにとっては、そのときが来るまで、がんばっている必要があったのです。」アナ (17 歳)
>
> みんなの意見

この章のおさらい

- 二つの分数が同じ分母を持つとき、その二つは、とても馬が合うのです。それらは、"下のほうの深い所"でたくさんの共通部分を持つのです。だからわたしたちは、それらは、共通分母を持つというのです。

- 分数というものは、それらがある共通分母を持つと

きだけ、それと足したり、あるいはそれから引いたりすることができるのです。それ以外のときは、お互いにうまくいかないのです。実際、うまくいくはずがないではありませんか？ 結局のところ、それらは何も共通点がないのですから。

- 共通分母を持たない分数同士を足したり、引いたりするには、わたしたちは分母の最小公倍数をみつけます。これは、最小共通分母とも呼ばれますが。それを使って、それぞれの分数を書き直すことによって、それらが共通分母を持つようにするのです。もう一度言いますが、これをするときに、わたしたちは、分数の値はまったく変化させてはいないのです。わたしたちは単に、同じ値を違う形に書き直しているだけなのです。ピザを切り分け直すようなものです。あー、おいしそう。

脳の腕立て伏せ

人間の脳は筋肉のようなもので、ちょうどあなたの腹筋や腕の筋肉のように、それを良い状態に保つには、定期的に運動させることが必要です。

たぶん、あなたなりの運動の仕方があると思います。チームに参加するとか、スポーツクラブのクラスに加わる方法もあります。あなたはいつでも、運動をするのが楽しいというわけではないかもしれません。でも、それをやろ

うとするのは、それが体にいいとわかっているからではありませんか？

　それとたぶん、あなたは何回腕立て伏せができるかという、自分の目標にだいぶ近づいてきていて、もし練習を続ければ、一度にできる腕立て伏せの回数が増えていくということを知っているからです。それは、とってもいい気持ちがするものです。

　ちょうど腕立て伏せといっしょで、あなたが数学の勉強をすればするほど、数学の能力は上達するのです。そしてあなたは、頭が良くなったと感じるでしょう。

9 繁分数

　たとえば、あなたがパーティに着ていく服の組み合わせを考えているとしましょう。あなたは、ドレスと靴とイアリングは、選び終えたとしましょう。さてあなたは、ちょうどぴったりのネックレスを探そうとしているところです。それは、からだに巻きつけるかたちのドレスなので、あなたはたぶん、ドレスのネックラインに沿ったV字型のネックレスを考えていることでしょう。たぶんそれは、チェインの上に飾りのついたネックレスになりそうです。

　早速、アクセサリーのしまってあるケースの中を探したら、ちょうどよいネックレスがみつかったのですが、それはすっかり、もつれてしまっていました。小さなもつれが、二、三箇所と、なかほどに、大きな結び目ができていました。あーあ。試しにつけてみて、合うかどうか見る前に、あなたはそのもつれをほどかなければならないでしょう。言い換えると、そのネックレスを試してみる前に、それを"きれいにする"段階が必要です。

ちょうどネックレスのときと同じように、繁分数は、はじめはとても複雑で混乱しています。そして、繁分数と何かをする前に、わたしたちは、それらを "ほどく" 必要があります。

> **この言葉の意味は？・・・繁分数**
> 繁分数は、その分子や分母がそれ自身分数で表されているような分数のことです。たとえば、$\dfrac{\frac{1}{3}}{\frac{5}{2}}$ や $\dfrac{\frac{1}{2}-\frac{1}{5}}{\frac{1}{5}+2\frac{1}{2}}$ は、繁分数です。

この章でのわたしの目標は、たとえどんなに難しそうな繁分数があなたの行く手をさえぎったとしても、あなたがそれを自信をもって、落ち着いて対処できるようにすることです。さぁ、やってみましょう。

繁分数で一番単純なのは、その分子と分母がそれ自身、単一の分数からできている場合です。

$$\dfrac{\frac{1}{6}}{\frac{3}{4}}$$

この例では、繁分数の "分子" が $\frac{1}{6}$ で、"分母" が $\frac{3}{4}$ です。ところで、これはどんな意味を表し、どうやってこれを単純な形に変形するのでしょう？ わたしには、こ

れはどうしても、わたしたちになじみの深いピザのスライスを使って表される分数のようには、見えません。(ピザを使って表す分数については、55ページを見てください。) わたしたちが、分数は割り算の問題が変装したもの(61ページ参照)と見ることができることについて、はなしたことを覚えていますか？ たとえば、分数 $\frac{10}{5}$ が"意味するところ"は、上の数を下の数で割る $10 \div 5$、そして2を得る。つまり、$\frac{10}{5} = 2$。さて、この考え方は繁分数にもあてはまります。

たとえば、$\frac{\frac{1}{6}}{\frac{3}{4}}$ の値を求めるには、単にその上の数を下の数で割る、つまり、$\frac{1}{6} \div \frac{3}{4}$ を実行すればよいのです。分数の割り算は、単純に、二番目の分数をひっくり返して、掛ける(83ページ参照)とできあがり。

$$\frac{1}{6} \div \frac{3}{4} = \frac{1}{6} \times \frac{4}{3} = \frac{4}{18} = (約分) = \frac{2}{9}$$

というわけで、

$$\frac{\frac{1}{6}}{\frac{3}{4}} = \frac{2}{9}$$

となります。これが、基本的なやり方です。分子と分母も分数になっている分数は、全体で大きな割り算の問題と考えて、普通の割り算を使うことによって単純化できます。ところがここに、近道があることをお教えしましょう。

近道を教えるよ！
"中間派" と "極端派"

あなたが、その分子と分母がそれぞれ分数であるような分数を扱うときは、中間・極端法を使って解きほぐすことができます。一番上と一番下にある数を "極端派"、中程にある数は "中間派" と呼ぶことにします。（中間・極端という言葉は、代数の比率の問題を解くときにも、似たような状況で使われることがあります。）この繁分数を解きほぐすためには、極端派同士を掛け合わせ（それが、分子となる）、それから、中間派同士を掛け合わせる（それが、分母となる）だけでいいのです。

$$\text{中間派} \begin{array}{c} \frac{1}{4} \\ \frac{3}{5} \end{array} \text{極端派} = \frac{1 \times 5}{4 \times 3} = \frac{5}{12}$$

この中間・極端法で、わたしが強調しておきたいのは、わたしたちは、割り算法と全く同じことをしているのだということです。この方法のほうが素速くできる理由は、割り算として書き直し、二番目の分数をひっくり返す手順をはぶいているからだけなのです。それらが、全部いっぺんに実行されたというわけです。

背高のっぽでやせっぽち

芸能人の写真で、その女優さんが極端に身長が高く、そして極度にやせているように見えるものを見たことがありますか？　あまりにも背が高すぎて、やせ細っているような？（まるで、だれかが彼女に特別な何かを食べさせたような？）こんな写真を見たとき、あなたは、自分に向かって「何か、極端な方法がここでは必要かも。だれか彼女に何か食べさせないと。それも早急に。」と、つぶやいたことがあったかもしれません。

あなたが中間・極端法を使うためには、まず、その分数が極端に "背高のっぽでやせっぽち" に見えることを、確認する必要があります。詳しく言うと、どんな帯分数（それは、横に広がって見える）や、整数（それは、背を低くする）を含んでもいけません。つまり、いつも四つの数が、上下に積み重なっていないといけません。ただ、それだけです。良い知らせとしては、たとえ帯分数や整数と出くわしても、それらを変形して仮分数に直すのは、（66ページで学んだように）難しくないということです。

$\dfrac{6\frac{1}{2}}{\frac{4}{78}}$ や $\dfrac{1\frac{1}{2}}{\frac{3}{2}}$ は、中間・極端法を使うには、準備不足。

しかしこれらを、$\dfrac{\frac{13}{2}}{\frac{4}{78}}$ や $\dfrac{\frac{3}{2}}{\frac{2}{1}}$ と直せば、準備完了。

ステップ・バイ・ステップ

中間・極端法（分子と分母が、単一の仮分数になっている繁分数を解きほぐす方法）

ステップ1. 分子と分母が、両方とも背高のっぽのやせっぽち——単一の分数または仮分数——であることを確認する（整数や、帯分数ではないこと）。

ステップ2. そのてっぺんの数と、どん底の数（極端派）を掛け合わせて、新しい分子を得る。

ステップ3. 内側にある二つの数（中間派）を掛けて、新しい分母を得る。

ステップ4. 約分して、できあがり。

> **要注意！** いつも、極端派を掛けて新しい分子をみつけ、中間派を掛けて新しい分母をみつけるということを忘れないでください。どちらをどこに使うかは、どうやって覚えたらいいのでしょう？ よくぞ、訊いてくれました。

中間派と極端派の使い道を混同しない方法

これはわたしがいつも自分で忘れないように使っている方法です。これらの背高のっぽでやせっぽちの分数たちを考えてください。一番上の数と一番下の数（極端派）は、中間にある数（中間派）より、外気にさらされているというか、むき出しになっていますね。

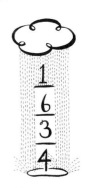

それに比べて中間派は、内側に守られているように見えるでしょう？ 中程で、居心地よさそうな数たちがいっしょに掛けられて、最終的に分母を形作るのです。それらの数はより保護されることに慣れているので、最後の分数においても、屋根つきで守られているのが、自然だとは思いませんか？ そして極端派たちは、風や雨に晒されることに慣れているので（これについては、わたしの想像ですが）、彼らにとっては、最後の分数の上のほうで分子として風に晒されてるのが、気持ちいいのでしょう。中で居心地よくしていたいのは、そのまま屋根の下で、外が好きなのは、屋根の上というわけです。

レッツ
スタート！　ステップ・バイ・ステップ実践

では、最初にやった問題を、今度は中間・極端法を使って、もう一度解いてみましょう。

$$\frac{\frac{1}{6}}{\frac{3}{4}}$$

ステップ 1. "屋外" の極端派を掛けて、新しい分子を見つける。

ステップ 2. "屋内" にある中間派を掛けて、新しい分母を見つける。

$$\frac{\frac{1}{6}}{\frac{3}{4}} = \frac{1 \times 4}{6 \times 3} = \frac{4}{18}$$

ステップ 3. そして、約分して既約分数に直す。$\frac{4}{18} = \frac{4 \div 2}{18 \div 2} = \frac{2}{9}$。というわけで $\frac{\frac{1}{6}}{\frac{3}{4}} = \frac{2}{9}$ になります。

あなたが確認してわかるように、わたしたちが、割り算法を使って計算したときと同じ答えが出ました（しかも、短時間でできました）！

ここがポイント！　ちょっと考えると、$\frac{\frac{1}{6}}{\frac{3}{4}}$ のように複雑な繁分数が、$\frac{2}{9}$ のような単純な分数と等しくなるというのはおかしな気がしますが、でもこれは、本当に正しいことなのです。あなたが "＝" の記号を見たら、そ

の等式の両側に表されている表現は、お互いに等しいのです。それらは、同じ値を持つのです。

近道を教えるよ！
繁分数の中での約分

中間・極端法の直後でも、掛け算を実行する前に約分（分数を既約分数にする）してみましょう。こうすると、あなたの扱う数を小さく抑えることができて、あなたの人生が楽になったように感じるでしょう。大きな数が現れてくる前に、消去してしまうのです。（なんだか、殺虫剤の宣伝のようではありませんか？）

まず、中間・極端法の準備をします。

$$\frac{\frac{24}{6}}{\frac{8}{3}} = \frac{24 \times 3}{6 \times 8}$$

でも、まだここでは掛け算を実行しないのです。もし掛けたとすると、大きな数になってしまうことでしょう。さて、24 と 8 から、8 を消去してしまいます。そして、3 の一つと 6 から、3 を消去しましょう。

$$\frac{24 \times 3}{6 \times 8} = \frac{\overset{3}{\cancel{24}} \times 3}{6 \times \underset{1}{\cancel{8}}} = \frac{3 \times 3}{6 \times 1} = \frac{\overset{1}{\cancel{3}} \times 3}{\underset{2}{\cancel{6}} \times 1} = \frac{1 \times 3}{2 \times 1} = \frac{3}{2}$$

練習問題

次の繁分数を中間・極端法を使って、簡単な分数に直しましょう。はじめの問題は、わたしがしてみせましょう。

1. $\dfrac{4}{3\frac{1}{3}} =$

解：まず、中間・極端法を使うときは、整数や帯分数を持つことができないので、4は $\dfrac{4}{1}$ と書き直し、$3\frac{1}{3}$ には MAD 方式を利用して、仮分数 $\dfrac{10}{3}$ とします。さぁ、これで、わたしたちの繁分数は、"中間・極端法" にあてはめる準備ができました。

$$\dfrac{\frac{4}{1}}{\frac{10}{3}} = \dfrac{4 \times 3}{1 \times 10}$$

わたしたちは、4 と 10 から 2 を消去できるので、

$$\dfrac{\overset{2}{\cancel{4}} \times 3}{1 \times \underset{5}{\cancel{10}}} = \dfrac{2 \times 3}{1 \times 5} = \dfrac{6}{5}$$

となります。これ以上約分できないので、これがわたしたちの最終的な答えとなります。

答え：$\dfrac{4}{3\frac{1}{3}} = \dfrac{6}{5}$

2. $\dfrac{\frac{5}{2}}{\frac{10}{12}} =$

3. $\dfrac{1\dfrac{1}{2}}{3} =$

4. $\dfrac{\dfrac{9}{28}}{\dfrac{3}{7}} =$

 ここがポイント！　どんな分数でも、上と下の数で消去し合えるのは、その分子と分母にある演算が、掛け算のときだけです。つまりもし、足し算、引き算あるいは割り算が混じっているときは、消去できません。たとえば $\dfrac{3+3}{6+1}$ では、消去できるところはまったくありません。もしあなたが、"消去"を試みたとすると、あなたは、その分数の値を変化させてしまうことになるでしょう。それはいけないことです。絶対、してはいけないことです。

> 「賢いということは、あなたがもっときれいになるということだし、個性も磨かれるし、独立心も養ってくれると思います。」キオニー（14歳）
>
> 「わたしは、頭のいい女の子をとても尊敬しています。わたしは、そういう人たちは正しい選択をしていると思うし、学校をあたりまえのものとは受け取っていないと思います。」プリアナ（12歳）

みんなの意見

大きくて見るのも怖い繁分数

繁分数でも、"中間・極端法"を使って処理できるものは、あなたのネックレスの一つか二つの小さなもつれをほどこうとするようなものです。さて、もしあなたが、次のような大きな、見るからに怖そうな結び目に出会ったら、どうでしょう？

$$\frac{\frac{1}{4}+\frac{1}{2}}{2-\frac{1}{8}}$$

あなたは、どう対処しますか？ えーと、あなたがネックレスを解くとき、まずはじめに、もっとも簡単なところから、一番外側の部分からはじめるのではありませんか？ 次の結び目の左のほうを見てください。

結び目の左端をまず試してみて、次に右端を試すのがよさそうです。あなたがもし、大きな塊をいっぺんになんとかしようとすると、一歩も先にすすめなくなってしまうかもしれません。わたしたちは、同じ戦法を、上のような大きな見るからに怖そうな繁分数を"ほどく"ときにも使います。

ステップ・バイ・ステップ

大きくて見るのも怖い繁分数の変形法

9 繁分数 159

ステップ **1.** 分子と分母を別々に、それらが、一つの分数または仮分数になるまで計算する。けっして、帯分数や整数の形では終わらせないこと。

ステップ **2.** 中間・極端法を使って、繁分数を一つの分数または仮分数に直す。つまり、内側に保護された数同士(中間派)を掛けて分母をみつけ、外側でむき出しになっている数同士(極端派)を掛けて分子を決めましょう。

ステップ **3.** 約分する。(155 ページの '近道を教えるよ!' で説明したように、掛け算の前に消去できる項がみつかるかもしれません。)

スタート！ ステップ・バイ・ステップ実践

さぁ、$\dfrac{\frac{1}{4}+\frac{1}{2}}{2-\frac{1}{8}}$ を簡単な分数に直してみましょう。

ステップ **1.** 分子と分母を別々に計算して、簡単な形にする。まず分子だけに注目し、他のものは、何も世の中に存在しないことにしましょう。分子にあるのは、$\dfrac{1}{4}+\dfrac{1}{2}$ です。さて、この分子は何と等しいのでしょう? 二つの分数を足してみましょう。(必要であれば、137 ページで異なる分母を持つ分数同士の足し算について復習しましょう。) それらの最小共通分母は 4 なので、$\dfrac{1}{2}$ を

$\dfrac{1 \times 2}{2 \times 2} = \dfrac{2}{4}$ と直しましょう。

というわけで、分子は $\dfrac{1}{4} + \dfrac{2}{4} = \dfrac{3}{4}$ となります。よくできました。さて、わたしたちの大きくて見るからに怖そうな繁分数は、$\dfrac{\dfrac{3}{4}}{2 - \dfrac{1}{8}}$ に変形できました。ウーム。まだ、少しみかけが、怖そうでしょうか。

オーケー。次の結び目に挑戦しましょう。分母のほうを直しましょう。

分母だけに注目して、他に何も存在しないことにすると、$2 - \dfrac{1}{8}$ だけを単純にすればいいでしょう。わたしたちは、どうすればいいかわかっています。2を仮分数に直して、それから分数の引き算をすればいいのです(必要であれば、137ページで、違った分母を持つ分数同士の引き算はどうすればいいか、復習しましょう)。というわけで、$\dfrac{2}{1} - \dfrac{1}{8}$ と書き直します。最小共通分母は8なので、$\dfrac{2}{1}$ を $\dfrac{2 \times 8}{1 \times 8} = \dfrac{16}{8}$ と書き直します。そこで、引き算が可能になり、$\dfrac{2}{1} - \dfrac{1}{8} = \dfrac{16}{8} - \dfrac{1}{8} = \dfrac{15}{8}$ と求めることができました。

さて、わたしたちの大きくて怖そうな分母は、$\dfrac{15}{8}$ と書き直せました。そして、わたしたちの大きくて見るか

らに怖そうな繁分数は、今や、ごく普通の繁分数 $\dfrac{\frac{3}{4}}{\frac{15}{8}}$ であることが判明しました。

　ステップ **2, 3.** そして今や、わたしたちに残されたのは、解き慣れた結び目が一つだけです。中間・極端法を使うときがきました。さぁ、わたしたちの消去法(155ページ参照)を使って、数が大きくなるのを防ぎましょう。3と15から、3を消去することができますし、4と8から4を消去することができます。

$$\frac{3 \times 8}{4 \times 15} = \frac{\overset{1}{\cancel{3}} \times 8}{4 \times \underset{5}{\cancel{15}}} = \frac{1 \times 8}{4 \times 5} = \frac{1 \times \overset{2}{\cancel{8}}}{\underset{1}{\cancel{4}} \times 5} = \frac{1 \times 2}{1 \times 5} = \frac{2}{5}$$

　ほら、全部ほどいてみたら、あんなに大きくて怖そうに見えた分数が、こんなにちっちゃな $\frac{2}{5}$ と等しいことがわかりました。さぁ、わたしたちは、すべての結び目を解いたことになります。どう思いましたか？ あなたのネックレスは解けて、無事に身に着けることができたでしょうか？

演算の優先順序についての復習

でっかい、見るからに怖そうな分数の分子と分母は、複雑になりうるので、演算順序を'PEMDAS'(パンダの食生態を使った記憶法)で、復習しておく絶好の機会でしょう。そう、パンダです。とてもかわいい動物ではありませんか？ そして、パンダの食欲は、たいしたものなのです。わたしは、パンダが西洋からし(マスタード)をつけて、餃子を食べるのが好きで、それから、デザートには、シナモンやナツメグ(スパイスの一種)を加えたりんごを好むと聞いたことがあります。おいしそう！(本当かって？ パンダは、竹が主食です。でもパンダは中国産で、中国の餃子は、とてもおいしいもの、特にマスタードをつけると最高。さらにパンダは、動物園ではりんごを食べます。だから、わたしの言っていることは、そうまとはずれではないのです。なんといってもこれは、演算の順序を記憶するのに役立ちます。ここでは、このことが重要な点です。)

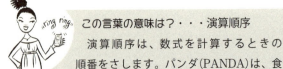

この言葉の意味は？・・・演算順序

演算順序は、数式を計算するときの順番をさします。パンダ(PANDA)は、食べる(EAT)。マスタード(MUSTARD)つきの餃子(DUMPLINGS)と、りんご(APPLES)は、スパイス

(SPICE)つきで。頭文字をとって、P-E-M-D-A-S。まず、括弧(Parentheses)、次に、べき乗(Exponents)、それから乗除(MultiplicationとDivision)、最後に、加減(AdditionとSubtraction)。

「パンダ(P)は、食べる(E)、マスタード(M)つきの餃子(D)と、りんご(A)のスパイス(S)煮。」わたしはこれを、覚えるまで声に出して、数回繰り返すことをお勧めします。繰り返すと、それがリズムに乗ってくるでしょう。パンダは、二つの違ったコースメニューを食べていることに、注目しましょう。それは、メインコースと、そのあとのデザートです。掛け算と割り算は、いっしょにメインコースとして。それらの優先順位は、同格なのです。そして左から右に見て、乗除のどちらでも最初にあるほうを最初に計算するのです。(ですから、"マスタードつきの餃子" というかわりに、"餃子にマスタードをつけて" と言ってもよかったのです。) 同じことが、足し算と引き算に関しても言えます(りんごとスパイス)。それらは、デザートのとき同時に食べるので、それらは同格の優先順位を持ちます。つまり、左から右に見て、加減のどちらでも最初にきたものを最初に計算します。というわけで、PEMDAS は PEDMAS でもいいし、PEDMSA でもいいわけです。わたしの言っている意味がわかっていただけたでしょうか？ パンダの法則を使って、次の数式を正しく計算してみましょう。

$$12 - 8 \div 2 + 5 \times (2+1) = ?$$

まず、括弧(パレンティシス——パンダ)の内側を計算して、 $2+1=3$ なので、

$$12 - 8 \div 2 + 5 \times 3 = ?$$

を得ます。

次の言葉は、食べる "EAT" ですが、べき乗(もしあなたがまだ、べき乗について習っていないのであれば、今はこの部分をとばしても、大丈夫です。)はないので、わたしたちは、最初のパンダの食事であるマスタードつきの餃子に、移行しましょう。さぁ、掛け算(M)、割り算(D)を全部みつけて、それを左から右に実行するときがやってきました。この例では、割り算(D)が先にきて、 $8 \div 2 = 4$ であることから、

$$12 - 4 + 5 \times 3 = ?$$

に到達します。

次に掛け算(M)をして、 $5 \times 3 = 15$ から、 $12 - 4 + 15 = ?$ が得られます。さて、後に残ったのはデザートだけです。そこで、りんごとスパイスである足し算(A)と引き算(S)を、左から右に実行します。

この例では、足し算の前に引き算がきています。 $12 - 4 = 8$ であることから、

$$8 + 15 = ?$$

と変形されます。そしてついに、 $8 + 15 = 23$ と足し算

ができました。

というわけで、$12 - 8 \div 2 + 5 \times (2+1) = 23$ が、答えです。

さて、演算の優先順位の復習ができたところで、わたしたちの、でっかくて怖そうな繁分数の計算に戻りましょう。

 テイクツー！　別の例でためしてみよう！

繁分数は、もっと、見るも恐ろしくなりかねません。しかし、わたしたちは今では、大切なことは、その分子と分母を別々に解きほぐし単純化したあとで計算しさえすれば、たとえどんな繁分数でも処理できるということを知っていることではありませんか？

$$\frac{\frac{5}{12} + 3 \div \frac{1}{2}}{3\frac{1}{2} \times \left(\frac{1}{4} - \frac{1}{8}\right)} = ?$$

ああ、混乱しなくてもいいですよ。いっしょに解いていきましょう。

前にもやったように、分母と分子を別々に攻めていきましょう。はじめに分子だけに注目し、これ以外世の中には何も存在しないと、仮定しましょう。

$$\frac{5}{12} + 3 \div \frac{1}{2}$$

わたしたちは、$\frac{5}{12} + 3$ の和をはじめに計算したいとい

う誘惑にかられるかもしれませんが、どんなときでも、演算の順序に従わなければいけません。その法則によると、割り算は、足し算よりも先に実行されなければならないからです。だから、はじめにしなければならないのは、割り算 $3 \div \frac{1}{2}$ です。

あなたも知っての通り、分数の割り算では、二番目の分数をひっくり返して掛け算するのでした。また、分数の演算では、整数はいつも仮分数として表してから、計算を実行するのでした。

$$3 \div \frac{1}{2} = \frac{3}{1} \times \frac{2}{1} = \frac{3 \times 2}{1 \times 1} = \frac{6}{1}$$

今や分子は、$\frac{5}{12} + \frac{6}{1}$ です。もし、これらを足したいとすると、共通分母が必要でしょう？ 12 と 1 の最小公倍数は 12 なので、それを使って、$\frac{6}{1}$ を 12 を分母に持つように、書き直しましょう。

$$\frac{5}{12} + \frac{6}{1} = \frac{5}{12} + \frac{6 \times \mathbf{12}}{1 \times \mathbf{12}} = \frac{5}{12} + \frac{72}{12} = \frac{77}{12}$$

というわけで、このすごい分数の分子は、$\frac{77}{12}$ です。そう悪くないでしょう！

さぁ、そのすごく複雑な分母のほうに移りましょう。

$$3\frac{1}{2} \times \left(\frac{1}{4} - \frac{1}{8}\right)$$

演算順序の法則からすると、括弧内の計算を先にしなければなりません。つまり、$\frac{1}{4} - \frac{1}{8}$ です。それらの最小共通分母は 8 なので、どちらの分数も分母が 8 になるように、書き直しましょう。

$$\frac{1}{4} - \frac{1}{8} = \frac{1 \times 2}{4 \times 2} - \frac{1}{8} = \frac{2}{8} - \frac{1}{8} = \frac{1}{8}$$

さぁ、今や、すごく複雑そうだった分母は、$3\frac{1}{2} \times \frac{1}{8}$ となりました。わたしたちは、帯分数をそのまま掛けたりしないで、仮分数にしてから掛けたほうがいいということを知っています。それで、MAD方式を使って、それを実行しましょう。

$$3\frac{1}{2} = \frac{7}{2}$$

そこで、その大きな怖ろしそうな分母は、$\frac{7}{2} \times \frac{1}{8}$ まで変形できました。そして、二つの分数の掛け算は、そんなに難しくはありませんでした(75ページ参照)。そして、$\frac{7}{2} \times \frac{1}{8} = \frac{7 \times 1}{2 \times 8} = \frac{7}{16}$ が得られます。

ついに、わたしたちの怖そうな分子をその複雑そうな分母と組み合わせることによって、次の"背高のっぽでやせっぽち"な繁分数を得ることができました。

$$\frac{\frac{5}{12} + 3 \div \frac{1}{2}}{3\frac{1}{2} \times \left(\frac{1}{4} - \frac{1}{8}\right)} = \frac{\frac{77}{12}}{\frac{7}{16}}$$

これは、はるかに処理しやすそうです。"中間・極端法"を使って、最終解を求めましょう。

$$\frac{\frac{77}{12}}{\frac{7}{16}} - \frac{77 \times 16}{12 \times 7} \text{(7と4を消去して)}$$

$$\frac{\overset{11}{\cancel{33}} \times 16}{12 \times \cancel{3}_{1}} = \frac{11 \times 16}{12 \times 1} = \frac{11 \times \overset{4}{\cancel{16}}}{\underset{3}{\cancel{12}} \times 1} = \frac{11 \times 4}{3 \times 1} = \frac{44}{3}$$

これ以上単純化することは、できません。というわけで、ほどく作業は終わりました(はぁ、はぁ)。だから、
$$\frac{\dfrac{5}{12} + 3 \div \dfrac{1}{2}}{3\dfrac{1}{2} \times \left(\dfrac{1}{4} - \dfrac{1}{8}\right)} = \frac{44}{3}。おしまい。$$

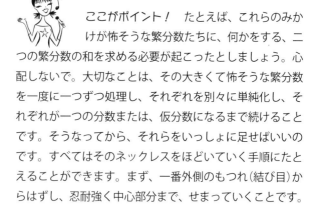

ここがポイント！　たとえば、これらのみかけが怖そうな繁分数たちに、何かをする、二つの繁分数の和を求める必要が起こったとしましょう。心配しないで。大切なことは、その大きくて怖そうな繁分数を一度に一つずつ処理し、それぞれを別々に単純化し、それぞれが一つの分数または、仮分数になるまで続けることです。そうなってから、それらをいっしょに足せばいいのです。すべてはそのネックレスをほどいていく手順にたとえることができます。まず、一番外側のもつれ(結び目)からはずし、忍耐強く中心部分まで、せまっていくことです。

 練習問題

次の表現を単純化しましょう。はじめの問題は、わたしがしてみせましょう。

1. $\dfrac{\dfrac{1}{4}+\dfrac{1}{2}}{2-\dfrac{1}{8}} + \dfrac{\dfrac{5}{12}+3\div\dfrac{1}{2}}{3\dfrac{1}{2}\times\left(\dfrac{1}{4}-\dfrac{1}{8}\right)} =$

解：まず、それぞれの分数を別々に処理し、それが終わってから、それらを足し合わせることを考えましょう。わたしたちは、すでにこの章で、それぞれの繁分数を単純化することに成功しているので（159ページと165ページを参照）、この問題は、実際 $\dfrac{2}{5}+\dfrac{44}{3}=?$ と同じです。5と3の共通分母は15なので、両方の分数を分母が15になるように、書き換えましょう。そうすることによって、それらを足し合わせることが可能になります。$\dfrac{2\times\mathbf{3}}{5\times\mathbf{3}}+\dfrac{44\times\mathbf{5}}{3\times\mathbf{5}}=\dfrac{6}{15}+\dfrac{220}{15}=\dfrac{226}{15}$。これは、既約分数でしょうか？ 15の約数は、3と5だけです。226は、一の位が0でも5でもないので、5で割り切れることはありません。各々の位の数の和を求めることによってそれが、3を約数に持つかどうか調べましょう。（3を約数にもつかどうかを簡単に見分ける方法は、12ページで復習しましょう。）

3も5も226を割り切ることはなく、それらが15の唯一の約数なので、わたしたちの答えは既約分数であることが、わかります。

答え：$\dfrac{226}{15}$

2. $\dfrac{\dfrac{2}{5}-\dfrac{1}{3}}{\dfrac{1}{30}}+2=$

3. $\dfrac{\dfrac{3}{4}+\dfrac{1}{4}\div\dfrac{1}{3}}{\dfrac{1}{2}-\dfrac{1}{6}}=$ (ヒント：演算の順番に気をつけて)

4. $\dfrac{2\dfrac{1}{5}+\dfrac{1}{2}}{\dfrac{5}{4}\div\dfrac{1}{9}-\dfrac{9}{4}}+\dfrac{1}{5}=$

どうしてかな？

もし、あなたの脳に余裕があったとすると、あなたは、（演算の順番を考慮すると）どうして分子の足し算は、分母の掛け算を気にせずに行なってもよいのか、疑問に思っているかもしれません。これは、とても良い質問です。そして、答えはこうです。大きくて怖そうな繁分数の分子と分母は、実際、まったく別の世界に住んでいるといっていいのです。一番いいのは、分子と分母はそれぞれ、括弧でくくられていると考えることです。あなたも知っての通り、括弧の中身は、いつでも最優先で計算しなければならないものだからです。そしてわたしたちは、そのルールに従って計算したのでした。

 この章のおさらい

- あなたが、大きくて複雑そうな繁分数に出会った場合は、分子と分母を別々に解いていきましょう。そ

れは、あなたがもつれたネックレスをほぐしていくときのように、すこしの忍耐と努力が必要だけど、どんなものでもなんとかなるものです！

- 中間・極端法を応用する前に、扱っている繁分数が、"背高のっぽでやせっぽち"に見えるまで変形してあることを確認しましょう。帯分数や整数の形ではなく、仮分数の上に仮分数が乗っている形です。

- 繁分数の混じった計算では、最後に約分をすることもできるけれど、(中間・極端法の直後に)数を掛け合わせる前に、公約数を約分してしまえば、途中で扱う数を小さく保つことができます。

- 演算の順序に気をつけましょう。かっこ(P)、べき乗(E)、掛け算(M)と割り算(D)(どちらでも先にきたもの)、そして足し算(A)と引き算(S)(どちらでも先にきたもの)。「パンダ(P)は、食べる(E)、マスタード(M)つきの餃子(D)と、りんご(A)のスパイス(S)煮。」そして、大きな分数の分子と分母は、それぞれを囲むように、かっこがついていると思って計算しましょう。

心理テスト2：あなたの集中力はどのくらい？

このテストを受ければ、それがわかります。あなたは、落ち着いて集中することができるか、それとも注意力散漫なタイプでしょうか？ さあ、心理学のロビン・ランドー博士のテストに答えてみましょう。

1. あなたは、宿題をしようと机に向かったちょうどそのとき、友達がとてもおもしろいうわさを聞いたと、インスタント・メッセージを送信してきました。あなたは：

a. ちょっと会話したあと、その友達に、今やりかけのことがあるからまたあとで連絡すると告げる。

b. あなたは、うっかりインスタント・メッセージを消し忘れていたことに気づき、「後で話しましょう。」とタイプしてから、オフにする。あなたは、勉強しなければテストで良い結果はだせないことを自覚している。

c. すぐに会話をやめるつもりだったのに、気づいたときには1時間以上話してしまっていた。

2. この文章を完成させましょう。「わたしが誰かと話しているとき、わたしの集中力はというと、…」

a. まずまず。でも、何か気になることがあると、しばしば注意散漫になる。

b. 完璧。わたしは、相手の目を見て真剣に話を聞く。

c. あまり良くない。わたしは、次に何と言いかえしたらいいか考えることに夢中になったり、次に何をしようかということのほうが気になる。

3. あなたは、自分の勉強習慣をどう表現しますか？

a.「時間がかかるけれど、続けることが勝利のコツ。」

b.「ちょっとずつ、かじり歩く。」

c.「詰め込み。」二、三日徹夜する。

4. 月曜日のこと、先生が今度の金曜日のテストは、今までに学んだ三つの話題から出題すると告げた。あなたは：

a. 勉強をはじめるのを木曜日まで、引き伸ばす。あなたはできるだけテストぎりぎりまで、勉強したくない。

b. 二晩勉強することにして、あなたは水曜日に勉強をはじめる。

c. 次の四日を勉強に当てる計画をたてる。一晩に一つの話題を勉強することにし、最後の木曜日の晩には、全部の復習を割り当てる。

5. この文章を完成させましょう。「わたしが宿題をするときには、わたしは、…」

a. 携帯電話を切る。メールを閉じ、インスタント・メッセージもオフにする。わたしは、中断されるのがきらい！

b. 同時に、電話で話したり、音楽を聴いたり、インスタント・メッセージをしたり、ネット上で検索したりする。退屈しないように、いつも気持ちをとぎすましておくことが大切。

c. 音楽を聞いたり、たまに電話をしたり、インスタント・メッセージに二、三分答えることがある。もちろん、二、三分だけ。

6. 山ほど宿題があるという晩に、あなたは：

a. 全部やり終わるまで、とにかくやり続ける。やめるときは、全部終わっていてほしい。

b. 適当な勉強時間を設けて、休み時間に楽しいことをする。

c. どんなにたくさんの宿題があるかを考えて、絶望的な気持ちを引きずり続ける。だから、それをするのを延期して、まず、何かもっと楽しいことをして、自分自身を勇気づけようとする。

7. 毎日、あなたは、10ぐらいのすべきことを書き出す。その日の終わりにあなたは：

a. ほとんどすべて終わる。

b. 半分も終わらない。今日終わらなかった分は、明日のリストに書き写す。

c. するべきことのリスト？ それ何？

8. あなたの友達が電話をしてきて、放課後、彼女がどんなふうにそのまずい状況に陥ったかをぶちまけた。今は彼女は大丈夫だけれど、ちょっと捌け口がほしかっただけのようです。10分後、その会話について、あなたがもっともよく覚えているのは？

a. あなたは、本当によい助言をしてあげた。だからあなたは、主に、あなたの助言を覚えている。

b. ウーム。彼女は、彼女の言い分をぶちまけたあと、すっきりしたんでしょう？ でも、あなたはときどき、サイレント・モードにしたインスタント・メッセージにも

応答していたので、彼女の話の細かいところは、いくらか聞き逃したところもある。

c. 彼女が彼女自身について発見したことのいくつかは、将来同じような状況にあなたが陥ったとき、助けになるかもしれないので、記憶にとどめた。

9. 就寝時間。あなたは：

a. 準備完了、ベットに入り、気持ちよく眠り始めます。なぜかというと、あしたまでにすべきことは、全部終わっているから。

b. 準備完了、ベットに入ってから、あなたがし忘れたことを書きとめ、明日一番にすることを確認する。

c. 少なくとも三つ、明日までにすべきことなのに忘れてしまったことがあることに気づき、あわてる。

10. あなたの学校にあるロッカーは、どんなふうか描写してください。

a. ぐちゃぐちゃ。わたしは、大掃除をしなきゃいけない。昔の宿題が返されてきたもの、ジャケットが数枚。返却期限が過ぎた図書館の本が数冊まじっているはず。

b. いつも、わたしが欲しいものは、すぐに見つけられる状態。本はまとめて並べてあるので、それらが他のものから圧力がかかって、こわれたりするようなことはない。それから、小さな磁石つきの鏡を内側につけているので、授業の合間に髪を直すことができる。

c. わたしの持ち物は全部、わたしのロッカー内に納まるようにしている。でもときどき、もう少しきれいにしておければ、と思うことがある。

11. あなたの友達は、あなたの計画性や実行能力についてどんなふうに感じているでしょう？

a. わたしの友達は、わたしが宿題を全部終わらせるのは得意だけれど、細かい点を落としがちだと感じている。

b. わたしの友達は、わたしがなんでもうまくこなすのに感心している。友達の中では、わたしが一番集中力があり、物事をかたづけていく能力がある。

c. 私の友達は、細かいことや企画を立てる作業などは、わたしには任せられないと思っている。

12. 数学の宿題がむずかしくなってきたとき、あなたは：

a. 友達に電話で、どんな答えになったかを聞く。そうすれば、少なくともあなたは、どんな結末になればいいのか知ることができる。

b. その問題はとばして、明日、学校で誰かに聞くことにする。でも、その時間があるかどうかはよくわからない。

c. あなたのノートを調べたり、今日習ったことを復習してみる。教科書以外のもの、たとえば、本書を調べてみる。もしまだ何かわからないことがあったら、友達に電話で、あなたがどこでつまずいているか話して、その友達が次に何をすればいいか、何かヒントを持ってないかたずねるかもしれない。

採点表

1. a.2; b.3; c.1
2. a.2; b.3; c.1
3. a.3; b.2; c.1
4. a.1; b.2; c.3
5. a.3; b.1; c.2
6. a.2; b.3; c.1
7. a.3; b.2; c.1
8. a.2; b.1; c.3
9. a.3; b.2; c.1
10. a.1; b.3; c.2
11. a.2; b.3; c.1
12. a.2; b.1; c.3

30〜36点：おめでとう！ あなたはすでに有効な勉強法を身に着けていて、当然のことながら集中力があります。宿題を終わらせることを第一に考えて、必要があれば、友達や先生に助けを求めることができます。しかし、自分に休憩を与えることも忘れないようにしましょう。疲れていたり、怒っていたり、注意散漫だったり、急いでいたりすると、あなたの脳は、あなたが勉強した内容を吸収し記憶していることができません。常にあなたの脳と身体に、水、栄養のある食べ物、運動、そして睡眠を与えることに気をつけましょう。あなたが投入したものが、あなたの結果になるからです。

20〜29点：あなたは、物事をやりとげることが比較的上手ですが、ときどき雑になります。あなたは、優先順位をきちんと自覚してやっているでしょうか？ あなたのスケジュールは、どんなでしょうか？ 一般に、あなたが毎日の勉強時間帯を決めて習慣化してしまえば、もっと勉強の成果があがるものです。もしあなたが、一日のうちでいつか、"都合のいいとき"にやろうという態度では、なかなかできる時間がみつかるものではありません。あなたの勉強時間を"火曜日 3:00〜4:30 勉強"というように、病院の予約と同じようにカレンダーに書いておくのです。そしてその予約時間を、

あなたのエネルギーと集中度が最高に達するときに、設定するのです。あなたは、自分のことを夜型と思っているかもしれませんが、大部分の生徒は、日中や夜でも早い時間のほうが集中度があがるようです。そしてあなたが、おしゃべり、ネットでの検索、テキスト・メッセージを、勉強の目標が達成されるまで延期することができれば、あなたは、友達との時間を集中して楽しむことができるでしょう。目標がうまくかなえられたときは、友達に電話するとか、録画したりダウンロードしていた番組を見るなど、何か自分にごほうびをあげましょう。

12〜19点：集中することに問題があるのでは？　自分の仕事を組織立てて成し遂げることができないのでしょうか？勉強するのはよく休んだ後、集中力があって、しかも前もって計画しておくのが成功の秘訣です。就寝前のぎりぎりの時間や授業の始まる前に勉強するのは、時間の無駄であることが普通です。一旦、勉強時間を決めても、それを変更することを恐れないこと。計画は、あなたがいかにその時間を使おうと意図したかが重要であり、あなたがいかにすべきであると考えているかということが重要なのではありません。それが現実的でなければ、変えることです。（スケジュールに関するコツは、一つ前の段落を参照。）勉強をしないことほど、簡単なことはありません。宿題をしているときには、'あなたの注意力'に注意しましょう。あなたが自分の注意力の低下に気づいたら、勉強する科目を変えるか、休憩をとりましょう。ある研究によると話を聞いた直後から、それを忘れていくことが知られています。だから、特にあなたが、授業中の先生の話に集中することができなかった日は、家に

帰ってできるだけすぐに、習った内容の復習をしましょう。そして、その情報を記憶に留め易くしましょう。また勉強中に、自分に向かって質問を投げかけてみましょう。そうすることによって、あなたがただ、活字を目で追っているだけではないことが確認できます。もし音楽を背景に勉強したほうがいいのであれば、そうしてもいいでしょう。ただそれによって、気が散らないようにしましょう。そして、勉強している間は、携帯電話やインスタント・メッセージなどは避けましょう。こうすることによってあなたの集中力を助け、あなたの周囲にも、今は邪魔してはいけないときだということを知らせることができるでしょう。

小数の一部始終

役に立つ数学

あなたは、2ドル70セントの雑誌を買いたいのですが、レジのところで、7%の税金が加算されます。お財布には3ドルしかないとするとあなたは、その雑誌を買うことができるでしょうか？

小数が簡単にこなせること——分数とパーセントとの間を変換したり、比べたりすること——それは、とても大切なことです。買い物好きな人は誰でも知っておくべきです。ああ、そういえば宿題にも出てきます。だからこの章では、小数を簡単にするコツについてお話ししましょう。

小数について

小数ってどんなもの？
小数がどんなふうな形をしているか見てみましょう。

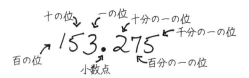

そして 153.275 は、次のような部分に分けることができます。

$$153 + 0.2 + 0.07 + 0.005 = 153.275$$

これは、 153 + 0.2 + 0.07 + 0.005 を全部足し合わせると、 153.275 になるからです。

　　ここがポイント！　ゼロをつける
　　小数のあとに、右からゼロをどんなに付け加えて書いたとしても、その数の値にまったく影響ない。

2.4 は 2.40 と同じ値。言い換えると 2.4＝2.40

0.05 は 0.050 と同じ値。言い換えると 0.05＝0.050

427 は 427.00000 と同じ値。言い換えると 427＝427.00000

こんなことは、馬鹿みたいとか、あたりまえとか思うかもしれませんが、これがあとで役に立つのです。また、なんらかの理由で 1 より小さな小数については、いつも小数の前に 0 をつけるのです。正直なところ、わたしたちが 0 をつけるのは、小数点が紙の上に書かれた塵と間違えないようにするためというだけに過ぎないように思えます。

> **要注意！** でも、どこにでもあなたの好きな所に、0 をつけてもいいというわけではないのです。たとえば、2.4 は 2.04 と同じではありません。小数点のあとに 0 をつけるのであれば、一番右のあとでなければならない。つまり、2.4 = 2.40 = 2.400 などです。

小数同士の比較について

二つの小数を比べるとき、たとえば、0.2 < 0.5 などは、易しい。なぜなら、2 は 5 よりも小さいからです。("ワニの口" は、いつも大きいほうの数を食べたがっていると覚えよう。) では、0.0098 と 0.021 の比較では、どうでしょう？ あるいは、0.45099 と、0.45106 では？

ある重要な大会で、ふたりの選手が器械体操の競技を終えて、数人の審査員から評価をうけようとしているとしましょう。誰が、優勝するだろう？ レスリー(Leslie)が勝つか、それともロビン(Robin)か？

小数の位のように、審査員たちは、重要性の順に左から右へと並んで座っている。つまり、一番左側に座っている審査員がもっとも重要で、右端に座っているのは、もっとも重要性の低い審査員です。実際、審査員たちは、右に行くほど重要性が低下するので、右側の審査員の出す点数は、はじめの審査員たちの点数が同じだったときにだけ用いられます。

まずはじめの審査員が、どちらの選手にも"4"をつけたとしましょう。

そして、次の審査員も両方に"5"をつけました。ウーム、まだ同点なので、第三の審査員の評価を見てみましょう。

その審査員は、レスリーに"0"、そして、ロビンには"1"をつけました。彼女は厳しい審査員のようです。しかし、ロビンがレスリーより高い点数をもらったので、勝負ありです。四番目の審査員がどう考えているか、は無関係です。なぜかというと、ひとりの審査員がふたりの選手に異なる点数をつけたとたんに、そこから右に並んでいる審査員の点数はすべて何の意味もなくなるからです。

同じように、二つの小数 0.45099 と、0.45106 では、0.45099 ＜ 0.45106 が成り立つのです。そして小数第三位以降については、まったく注意を払わなくて良いのです。

そこで、あなたが二つの小数を比べるときには、上で見たように、審査員の点数だと思って、左から右に向かって小数点以下のはじめの数字を除いたすべてを、あなた

の手(または、仮想の小さな手)で隠しましょう。なぜなら、それが引き分けでないかぎり、残りの数字はどうでもよいからです。たとえば 0.0098 と 0.021 では、次のようにします。

まず、0 対 0 で同点の引き分け。わたしたちの手をちょっとずらして次の数字を比較してみましょう。

えーと、2 は 0 より大きい、つまりもう引き分けではないので、残りの数字の列は無視することができて、勝負ありです。0.021 は、0.0098 より大きい。つまり、

$$0.0098 < 0.021$$

ここがポイント！　小数同士を比べる際、もし小数点の左側に数字があるとき、たとえば 29.06 と 3.25 の場合、まず整数部分を比べましょう。もしそれらが同じでない場合は、常識的に考えて 29.06 は、3.25 より大きいとわかるでしょう。(何といっても、29 ドル 6 セントは、3 ドル 25 セントより大きい金額ではありませんか？) 明らかに整数は、その付属品である小数よりも、は

ステップ・バイ・ステップ

小数の比較

ステップ 1. もし小数点の左側に整数があって、しかもその整数が異なるならば、あなたは即座にどちらの数が大きいかわかるはずです(整数部分が大きいほうが、大きな数)。もし、整数部分がまったく同じだったり、まったく存在しなかったりしたら、次に進む。

ステップ 2. 小数点のはじめの数だけ見て、それから右にある数字は手で隠す。一度に一桁の数ずつ比較していく。もし、どちらか一つが他より大きければ、あなたは、どちらが大きいかわかったはずです。それらがまったく同じ数字であれば、両方の数で、右にもう一桁だけ手をずらして、一度に一桁の数を比較する。これを、どちらか一方の数が大きくなるまで繰り返す。

ステップ 3. 一旦、一方の一桁の数が大きいとわかったら、残りの桁は見ないでもあなたの仕事は完了しました。

練習問題

次の小数を比較しなさい。どちらが大きいですか？ はじめの問題は、わたしがしてみせましょう。

1. 9.0688 ○ 9.62

解：小数点の左には、二つの 9 があるので、整数部分は同じです。さて、小数部分に移りましょう。ちょっと見ると、左側の数のほうが、大きいように思えるかもしれません。なぜかというと、688 と 62 では、688 のほうが大きいからです。しかし、小数点のすぐ右から一桁ずつ注目し、そこから右はすべて隠すやり方を実行すると、0 < 6 がわかります。もはや引き分けではないので、どちらが大きいかわかったことになり、ここから右にある数字は、見る必要がありません。

答え：9.0688 < 9.62

2. 0.8888 ○ 0.891
3. 0.45 ○ 0.1999
4. 56.11 ○ 6.889
5. 0.1112 ○ 0.1211

小数の足し算、引き算

小数の足し算、引き算は、普通の足し算、引き算とそれほど違いはありません。コツは、小数点をそろえること

です(どういうふうにするかは、以下の例で示します)。それさえできれば、あとは鼻歌まじり。

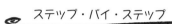 ステップ・バイ・ステップ

小数の足し算、引き算

ステップ 1. 小数点が直接上下になるように、二つの小数を書き出します。二つの小数の桁を同じにするために、必要ならば、数の後ろに 0 を書き足します。

ステップ 2. それから、普通に足したり、引いたり。そして、答えに直接小数点を書き足すのを忘れないように。

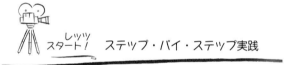
ステップ・バイ・ステップ実践

19.8 と 1.24 を足す。

ステップ 1, 2. 小数がお互いに上下に並ぶようにアレンジする。特に、小数点が上下にそろうように注意する。(下に示したように、わたしは、必要に応じて余分な 0 を付け足すのが好きです。そうすると、足し算では列がまっすぐそろうようにできるし、引き算では、これらの 0 が、隣の桁から"借りる"ときにとても便利です。)

10 小数の一部始終　189

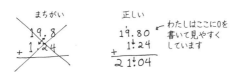

この 0 を加えることで、列の並びがより簡単に見られます。

答え：21.04

 テイク ツー！　別の例でためしてみよう！

小数の引き算において、他の引き算とまったく同じ規則が使われます。きちんと小数点をそろえれば（そして、必要な所に余分な 0 を加えて）、小数の引き算をしているということを忘れることができます。引き算 6.01 − 0.791 をしてみましょう。

ステップ 1. 二つの小数の小数点がそろうようにアレンジし、余分な 0 を足したければ、足してもよい。

ステップ 2. 普通に引き算をする。そして、引き算の列は、答えが真下にくるように注意する。

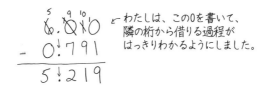

練習問題

小数の加減。小数点の位置をそろえることを忘れないでください。はじめの問題は、わたしがしてみせましょう。

1. 7 − 0.09

解：

```
   6 9
  7.⁄0⁄0
 − 0.09
 ─────
   6.91
```

わたしは、これらの0を書いて、隣の桁から借りる過程がはっきりわかるようにしました。

答え：6.91

2. 3.001 + 21.4
3. 0.59 + 73.001
4. 6.11 − 0.5
5. 32 − 4.5

小数の掛け算

小数に10を掛けるとは？

10という数を掛けるのは、掛け算の中でももっとも易しい計算の一つだとは、思いませんか？ 結局のところ、$3 \times 10 = 30$ だし、$7 \times 10 = 70$ も簡単。これは、掛け算

九九の中でも、もっとも易しいものの一つであることに間違いはありません。ところで、小数はすべて 10 をもとにして作られています。つまり、小数点を右または左に一桁移動することは、その数を 10 倍または、10 で割ることと同じです。たとえば、

どんどん大きくなる…

0.032　×10＝　0.32　×10＝　3.2　×10＝　32　×10＝　320

どんどん小さくなる…

320 ÷10＝　32 ÷10＝　3.2 ÷10＝　0.32 ÷10＝　0.032

　だから、もしあなたが 24.59 という数を持っていて、誰かが、「これに 10 を掛けて」と言ったとすると、あなたがしなければならないのは、ただ、小数点の位置を右に一つだけずらすことです。その結果、245.9 という以前より大きな数を得るでしょう。そしてもし誰かが、「これを 10 で割って」と言ったとすると、あなたは、小数点の場所を左に一つだけずらして、2.459 という数を得ます。それは、以前より小さな数です。

　簡単でしょう？

　あなたの生活で、小数の掛け算をするのはどんなときでしょう？ お金を扱うときはいつでもやっているのです。

役に立つ数学

10とは違う数を小数に掛ける

あなたは近所のサンドイッチ屋さんで、あなたと友達4人分のサンドイッチを買うために、列に並んでいます。サンドイッチは、税込みで一つ4ドル75セント(4.75ドル)です。あなたは、24ドル13セント(24.13ドル)持っています。あなたは、十分なお金を持っているでしょうか？ それとも列の先頭になる前に、家まで飛んで帰って、お母さんからもっとお金をもらうべきでしょうか？

あなたがどれだけのお金が必要か、みきわめるためには、そのカウンターにあるナプキンをもらい、あなたの素敵なバッグからペンを探し出して、4.75×5(あなたの友達4人とあなたを入れて5人)を計算すればよいのです。

でも、どうやって小数の掛け算をするの？ 簡単です。

それは、普通の掛け算と同じです。ただ違うのは、はじめの二つの数において合計でどれだけの桁が小数点から右側に存在したかを計算して、それを答えの小数点の位置として使うことです。

この例でいうと、$4.75×5 では、合計で二桁が小数点の右側にあるので、まず、小数点を取り除いた 475 × 5 = 2375 を計算し、それから小数点のあとに二桁くるように直して、23.75ドルという答えです。

$$2\,3.7\,5$$

そして、これでおしまい。23.75ドルですか？ そうで

10 小数の一部始終 193

す。あなたは十分なお金を持っているので、家まで飛んで帰って、もっとお金をもらう必要はないのです。

ステップ・バイ・ステップ

小数の掛け算：数えて、掛けて、数える。

ステップ **1.** 両方の数で、小数点の右側にある桁数の合計を数える。

ステップ **2.** 小数点を除き、二つの数を掛け合わせる。

ステップ **3.** ステップ2の答えに、右から数えてステップ1で数えた合計数と同じ桁数が右にくるような位置に、小数点をつける。おしまい。

スタート！ ステップ・バイ・ステップ実践

掛け算 0.45×11.3 をしましょう。
この例では、両方の数が小数です。

ステップ **1.** 両方の数で、小数点の後ろにある桁数の合計を数える：0.45×11.3 なので、合計で三桁が小数点の後ろにある。

ステップ **2.** そして、小数点を除き、二つの数を掛け合わせる：$45 \times 113 = 5085$。

ステップ **3.** 最後に、小数点の後ろに合計で三桁あったので、右から数えて三つ戻ったところに小数点をつけて、最終解答を 5.085 とします。

さらに、ゼロについて

あなたが、ある問題を解いていて、1.80 のような数に出会ったとしましょう。最後のゼロは落としてもよいと、気づくでしょう？ なぜなら、1.8 ＝ 1.80 だからです。しかし小数の掛け算において、小数点から右の桁数を数えるときには、このゼロは結果に影響するのでしょうか？

それは、いい質問です。そして答えは、"あなたが、自分のゼロと小数点に一貫性を持たせるならば、すべて同じ結果になる。" というものです。

それでは、1.80 × 0.4 について、二通りの方法をお見せしましょう。

もしゼロを落とせば、1.8 × 0.4 となり、このときは次のようになります。この場合、合計で二桁が小数点の後ろに来ています。18 × 4 を計算して 72 が得られ、小数点の位置を二つ戻して、答えは 0.72 となります。

そして、もしゼロをそのまま残すのであれば、1.80 × 0.4 で、小数点以下は三桁あり、180 × 4 から、720 が得られます。ここから小数点を三桁戻すと、0.720 が得られます。

あなたが見てわかるように、0.720 ＝ 0.72 なので、どちらのやり方からも、同じ答えが得られます。

芸能界にインタビュー！

「わたしは、誰もが頭が良くなる能力を持っていると思います。しかし、知性を良い方向に使うには、強い意志と集中力が必要です。わたしは、自分自身を教育しようとしている少女たち、それからそうしようとしているすべての人々に、深い敬意を表します。私が、自分で生活をしはじめた今では、数学は、請求書、銀行口座の残高など、すべてにわたってお金の管理を意味しています。そして、これらのことをいかに取り扱うかを知っているという事実は、わたしが人生の成功者であるという自覚を持たせてくれますし、自分が成長したように感じます。」バレリー・オーリッツ、テレビ番組 ''the N's South of Nowhere'' において、マジソン・ダート役を演じる。

 練習問題

次の小数の積を求めなさい。はじめの問題は、わたしがしてみせましょう。

1. $0.40 \times 8.3 =$

解：0.40 は 0.4 と同じなので、余分な 0 は取り除いて、簡単にしましょう。さて、''数えて、掛けて、数える'' を使いましょう。わたしたちは、まずはじめに小数点の後ろにくる数の合計を 2 と数えます。そして、小数点を取り除いて掛け算をします。$4 \times 83 = 332$。さて、小数点を右から二桁もどった所に加えて、3.32 が得られます。

答え：3.32

2. $0.60 \times 0.30 =$

3. $9.1 \times 1.00 =$

4. この章のはじめにでてきた問題を解きなさい。あなたは、2.70ドルの雑誌を買いたいのですが、税金は7%かかります。ところがあなたは、3ドルしか持っていません。あなたは、その雑誌を買うことができるでしょうか？（ヒント：7% = 0.07）

小数の割り算

まずはじめに、どうやって小数を等分するかということを、お見せしましょう。これらの問題は、整数を割り算の家の外に持ち、小数を内側に持つタイプです。たとえば、$3\overline{)4.2}$ など。このたぐいの割り算は、とても簡単です。

次に、どうやって小数で割るかについて、お話ししましょう。つまり、外側にある数も、小数になる場合です。たとえば、$0.3\overline{)4.2}$ や $0.3\overline{)42}$ などです。これらは、それほど難しいものではありません。これらは、もう一つ余分なステップが必要なだけです。これは、すぐにお見せしましょう。

まず、いくつかの割り算で使われる用語を、手短に復習しましょう。

 **練習問題**

それぞれの問題で、どれが割る数、割られる数、そしてどれが商になるか指摘しなさい。はじめの問題は、わたしがしてみせましょう。

1. $\dfrac{6}{2} = 3$

解：まず、"割り算の家" 方式に書き換えましょう。 $2\overline{)6}^{\,3}$

答え：割る数は 2、割られる数は 6、商は 3 である。

2. $3\overline{)63}^{\,21}$
3. $32 \div 4 = 8$
4. $\dfrac{80}{5} = 16$
5. $72 \div 8 = 9$
6. $10 \div 2 = 5$

小数を等分する

小数を等分することは、実生活でしょっちゅう起こります。なぜなら、お金を分けるときには、いつでもそうしなければいけないのだから。たとえば、あなたが 4 人の友人と商店街にゲームをしに行くところで、みんなで合わせて 32.50 ドル持っているとしましょう。その 32.50 ドルをできるだけ早くゲーム機に入れるため、クォーター (25 セント硬貨) に直したいと思っています。もし、お金

を均等に分けるとすると、一人いくらずつになりますか？

つまり、あなたは 32.50 ドルを 5 等分しなくてはいけないのです。言い換えると、5)32.50。

ステップ・バイ・ステップ

小数を等分する。

ステップ 1. 例の割り算の家の屋根を通して小数点を引き上げる。

ステップ 2. 普通に割り算する。おしまい。

ステップ・バイ・ステップ実践

商店街のゲーム問題に戻ります。5)32.50。

ステップ1, 2. 小数点を家の中から、屋根の上までまっすぐに持ち上げて、通常の割り算を実行する。

$$5\overline{)32\overset{\cdot}{.}50} \quad \rightarrow \quad \begin{array}{r} 6.50 \\ 5\overline{)32.50} \\ -30 \\ \hline 25 \\ -25 \\ \hline 00 \end{array} \rightarrow できた！$$

ということは、一人 6.50 ドルずつ分けることができる。では、それは何枚のクォーター硬貨にあたるでしょう？ 1 ドルは 4 クォーターに等しいので、6.50 ドルに

10 小数の一部始終　199

4を掛けるとよい。$6.5 \times 4 = 26$。一人あたり、26枚のクォーターを使うことができます。なかなか、いい！

 テイク
ツー！　**別の例でためしてみよう！**

$3\overline{)4.2}$ とすると 1.4 になりますが、それは道理にかなった答えです。なぜかというと、4.2 は 3 より少しだけ大きいので、わたしたちの答えが 1 より少し大きいというのは、納得できる結果です。

小数の割り算では、より小さな数をより大きな数で割ることもできるのですが、そのやり方は、まったく同じです。もし、割り算の家の内側にある数（割られる数）が、4.2 の十分の一だったら、どうでしょう？　つまり、$3\overline{)0.42}$ のような場合では？　または百分の一で、$3\overline{)0.042}$ ではどうでしょう？　それぞれの違いをみてみましょう。

```
    1.4              0.14              0.014
3)4.2     vs.   3)0.42    vs.    3)0.042
 -3 ↓             -3 ↓              -3 ↓
  12              12                12
 -12             -12               -12
   0 →できた!      0 →できた!         0 →できた!
```

この最後の例では、本当に本当に小さな商（0.014）が得られました。どの場合でも、小数点は、屋根を通って真上にいかなくてはならないこと、そのために、小数点とゼロでない数字の間をゼロで埋め尽くさなければならないこともあります。上の例の最後の割り算がその例です。つまり、1 は 4 の真上にこなければならないので、小数

点と 1 の間に、0 を一つ付け加える必要がでてきました。へっちゃらですね！

ここがポイント！　ゼロを付け加える

ここで、小数の割り算で都合のいいことがあります。小数の右端に 0 を書き加えてもまったくその値を変えない。たとえば、

$$0.31 = 0.310 = 0.3100 = 0.31000\cdots$$

などのように。その事実を利用して、$2\overline{)0.31}$ のような割り算でもっとゼロが欲しいときには、ゼロを付け足すことができます。

```
     0.15              0.155
  2)0.31            2)0.310    ←割り切れないとき
    -2↓              -2↓         は0を付け加える！
    ─                ─
    11               11
   -10              -10
    ─                ─
     1 ←うーん、まだ割り切れない   10
                     -10
                      ─
                       0 →割り切れた！
```

実はこのやり方は、小数点がない場合、たとえば $2\overline{)43}$ の場合にも適用できる。あなたは、もうわかっているかもしれないけれど、43 のあとに、小数点をつけて 0 を書き加えることができます。つまり、$43 = 43.0$ のように。それらは同じ値を持つからです。だから、もしあなたの割り算が、分数や余りを持たずには終了できない（そしてあなたが、分数よりはむしろ、小数の答えが欲しい）ときには、割られる数に小数点と 0 を加えて、割り算を続けます。

```
     21.5
  2)43.0
   -4↓
    03↓
   - 2↓
     10
   - 10
      0 →できた!
```

ほら、この通り。

練習問題

次の割り算を、もし必要なら、0や小数点を加えて(そうすることによって、その数の値を変えない限り)、実行しましょう。はじめの問題は、わたしがしてみせましょう。

1.

解:

```
     0.025
  6)0.150  ←割り算を続けるため
   -12↓      0を付け加える!
    30
   -30
     0 →できた!
```

2. 4)0.52
3. 4)0.052
4. 5)67

小数で割る

今までのところ、ある小数を等分する問題だけを扱ってきました。さて、わたしたちが小数で割るときは、どんなことが起こるか見てみましょう。つまり、割り算の家の外にある数が、小数だった場合のことです。たとえば、 $26.5\overline{)848}$ のような。でも、これが日常生活で、役に立つことがあるのでしょうか？ そりゃ、もうたくさんの場合において使えます。

役に立つ数学

たとえばあなたが、デジタルカメラでとったホームビデオをDVDに焼き付けようとしているとします。そのビデオは、とってもかわいいのです。それは、あなたが新しく飼いはじめた子犬の成長を毎週、ミニビデオにとったものです。今では、その子犬は9ヶ月なので、あなたのカメラには、ずいぶんたくさんのビデオがたまっています。

一つのミニビデオは、そのDVDに収録する際、だいたい26.5メガバイトのスペースを占めることになります。あなたは、たくさんの子犬の写真も同じDVDに保存しているので、残っているフリー・スペースは、848メガバイトしかありません。さて、これらの26.5メガバイトのミニビデオが、いくつそのDVDに収録できるでしょう？

その答えを出すためには、いくつの 26.5 メガバイトが、848 メガバイトの中に存在するかを見る必要があります。そうでしょう？ 言い換えると、わたしたちは、割り算 26.5)̄848 を実行しなければなりません。

でも、ちょっと待って。割る数に小数点があるとき、どうやって割り算を実行すればいいのでしょう？（つまり、あなたのそばに計算機がなかった場合。）

ここで、コツを教えましょう。割り算の家を使って割り算をするとき、割る数は、小数点のあとに数字があってはいけないのです。それでわたしたちは、その割る数の小数点の位置をそれが整数になるまで、必要なだけ右側に移動します。そして、その割られる数の小数点の位置もそれと同じだけ右に移動します。次のステップ・バイ・ステップで見てみましょう。

ステップ・バイ・ステップ

割る数が小数の割り算の場合

ステップ 1. 割る数の小数点をなくす。小数点の位置を右に必要な回数だけ移動して、その割る数(あなたが、その数で割ろうとしている数のこと)が、整数になるようにする。何回移動したか、その回数を数える。

ステップ 2. 割られる数(あなたが、割ろうとしている数、割り算の家の内側にある数)においても、同じ回数だけ小数点を移動する。注意：これを実行するためには、

0 を付け加えなければならないこともある。

ステップ 3. 普通に割り算をする。おしまい。

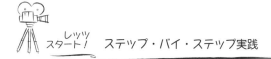 ステップ・バイ・ステップ実践

0.54÷0.09 をしてみましょう。もちろん、これは割り算の家の記号を使うと、0.09)0.54 と同じです。

ステップ 1, 2. まず、割る数の小数点を取り除きましょう。0.09 に対しては、右に 2 回小数点を移動すると整数が得られます。ということは、0.54 も、右に 2 回小数点を移動する必要があります。

0.09 → 0.09. = 9   0.54 → 0.54. = 54

というわけで、問題は 9)54 となります。

ステップ 3. 普通に計算すると、答えは 9)54 の上に 6 です。(もし、あなたが掛け算九九の表を暗記していると、この部分は簡単です。)

答え: 0.54÷0.09 = 6。そんなに、悪くはないでしょう？ では、もう一つやってみましょう。

 テイクツー！ 別の例でためしてみよう！

わたしたちの例の子犬のミニビデオの問題に、戻ってみましょう。26.5)848。

ステップ **1.** はじめに、わたしたちは割る数の小数点を除去します。何回小数点を移動すればよいですか？ 26.5 は、小数点の後ろに一つだけ 0 でない数字があるので、小数点を一回だけ右に移して、265 という整数を得ることができます。わたしたちは、小数点をなくすことに成功しました。

ステップ **2.** さてわたしたちは、26.5 の小数点を右に一回だけ移動したので、割られる数、848 に対しても、右に一回だけ小数点を動かさなくてはいけません。しかし、(それは、整数なので)848 には小数点がありません。でも、思い出してください。848 は、848.0 と同じなのです。そして、その小数点を一回だけ右に動かすと、8480 が得られるのです。(あるいは、あなたはこの部分を 0 を一つ足すと考えてもいいのです。どちらでも、あなたが納得できるほうを選んでいいのです。) わたしたちの新しい問題は、 265)8480 になります。

ステップ **3.** 普通に割り算を実行する。

```
            32              途中の計算
   265)8480              265      265
      -795↓              × 3      × 2
        530              795      530
       -530
          0  →できた！
```

答え： 32

だから、わたしたちは、割り算の家を使って32本のミニビデオが収録されることを発見しました。素晴らしい！

ここがポイント！ 小数点の位置を右や左に移動するのは、10, 100, 1000 などを掛けたり、それで割ったりするのと同じだということを思い出してください。たとえば、0.75 に 100 を掛けると、75 が得られるし、0.75 を 100 で割ると、0.0075 が得られる。

練習問題

小数の割り算は、すべて、小数点とゼロさえ気をつければいいのです。はじめの問題は、わたしがしてみせましょう。

1. $2.1 \div 0.05 =$

解：これは、割り算の家の記号を使うと、$5\overline{)210}$ と同じです。わたしたちは、小数点の位置を 2 回どちらの数も移動しなければなりません。その結果、割る数に小数点は無く、割り算は $5\overline{)210}^{42}$ と同じになります。

答え：42

2. $0.8\overline{)4}$
3. $4.2 \div 0.6 =$
4. $4.2 \div 0.60 =$
5. $0.8\overline{)0.4}$

さんたちが、一人 $\frac{1}{2}$ カップのアイス・ラテで満足してくれるのであれば、あなたは、12人の俳優に配ることができるというわけです。夢のような話ではありませんか？

さて、あなたが分数での割り算をするとき、もっとも簡単で速く答えを求める方法は、上で学んだように、掛け算、逆数の掛け算を使うことなのですが、——このような例を紹介したのは、そうやって求めた答えが、あなたの中で、なるほどと納得できるようになって欲しかったからです。何と言っても、「分数で割る」という概念は、わかりづらいに違いありませんから。

練習問題

次の割り算をしましょう。はじめの問題は、わたしがしてみせましょう。

1. $2 \div \frac{1}{100}$

解：

$$2 \div \frac{1}{100} = \frac{2}{1} \div \frac{1}{100} = \frac{2}{1} \times \frac{100}{1} = \frac{2 \times 100}{1 \times 1} = \frac{200}{1} = \boxed{200}$$

答え：200。この答えは、2の中に $\frac{1}{100}$ がたくさん入っていると思われるので、納得できるものです。

2. $\frac{4}{5} \div \frac{3}{2}$
3. $3\frac{1}{5} \div 5$
4. $\frac{1}{2} \div 3$

この章のおさらい

- 分数の掛け算は、簡単。上の数同士を掛けて、下の数同士を掛けて、できあがり。

- 分数の逆数を求めるには、上の数と下の数をひっくり返す(フリップ)だけでよい(リーフリップーラーカル)のです。

- 分数の割り算では、二番目の分数をひっくり返してから二つの分数を掛けると、答えが求められます。万が一、どちらの数をひっくり返すか迷ったときは、$10 \div 2$ の問題(84ページを見て下さい)を思い出しましょう。

大きな期待

他の人たちがあなたに対してどう期待するかが、どんなふうにあなたのあなた自身についての感じ方に影響を与えるかは、不思議なくらいです。もし、あなたのお母さんが、あなたが自分のへやの片付けをきちんとすることを期待しているとすると、たぶんあなたは、自分の部屋をきれいに保とうとしている自分自身に気が付くでしょう。もしあなたが、誰も気にしていない、あるいは、誰もあなたがきれいにすることを期待していないとわかったとしたら、

あなたの部屋が乱雑になっていくことは、避けられないでしょう。

これは、正常な——人間の本性——というものでしょう。でも、わたしたちは、他の人たちからの期待度が低いことからくる犠牲者にならないように、気をつけなければなりません。

わたしが中学の三年生だったとき、理科のクラスで起こった事件を、わたしは決して忘れることはないでしょう。理科の最初のテストが済んでから、わたしの理科の先生が、わたしを脇に呼んで、わたしの点数のよさにどれだけ驚いたか、わたしが理科で良い成績をあげることが、どんなに予想外だったか、を強調したのでした。「あなたは本当に目立つ生徒で、しかもそんな派手な色のイヤリングをしてたりするでしょう。だからわたしは、あなたがとても頭の良い生徒とは思いもしませんでした。」

信じられる？ その先生は、わたしが社交的で、ファッションに気をつかっているという理由だけで、わたしのことを頭が良いはずがないと思ったのです。わたしは、ペチャンコになりました。みかけだけがすべてなのでしょうか？ その先生は、わたしたちの社会の中に奥深く刻まれたステレオタイプだけを基にして、わたしを判断していたのでした。

「わたしは先生に、頭がいい生徒が全部、全くファッション・センスのないタイプである必要はないということを、

思い知らせてやろう。」と、心に誓ったことを覚えています。いったい誰が、先生がそう考えているなんて思ったでしょう。たぶん先生は、どんなに先生の考え方が真理からは遠く、どんなにわたしをマイナスの方向に押しやったかもしれないという可能性については、全く気付かなかったのでしょう。幸運にも、わたしにとっては、全く反対の影響を与えてくれました。なぜかというと、その出来事が、わたしを奮い立たせてくれたからです。

わたしは、その先生の低い期待に合わせることはしませんでした。わたしは、そのクラスで一番いい成績をとり、しかも、大きなかっこいい耳かざりもつけ続けたのでした。頭がよくてファッション・センスもいいことは、可能なのです。そのどちらか一方を選ばなければならないということは、ないのです。

実際、あなたが将来の夢として、頭がよくてかっこいい女性を想像しているなら、今まさに、そうなる練習をしているのだ、ということを忘れないでください。

自分自身を実力のある弁護士か、ファッション雑誌社の社長である、と想像してみてください。あなたは、高級なスーツとハイヒールを身に着け、あなたのかばんには今日の仕事の重要な書類がいっぱいつまっている。気分がいいではありませんか？　今日、あなたが克服する一つ一つのチャレンジは、一歩一歩あなたの夢に近づけてくれるものでもあるのです。あなたがとてもできないと思って

猫まね分数が帰ってきた

もしあなたが、どうして小数の割り算において、小数点の移動が許されるのか不思議に思っているとしたら、このセクションを読むとよいでしょう。

小数点を動かすことは、割る数と割られる数を同時に 10 倍や 100 倍することとして知られているけれど、ちょうど、猫まね分数を使うことと似ています。

$$\text{割り算} \quad 1.2 \div 0.06$$

これは、割り算の家を使うと、$0.06\overline{)1.2}$ と書くことができます。そして、割る数と割られる数の小数点を 2 回移動すると、$6\overline{)120}$ を得ることができます。しかし、これがなぜ許されるのか、理由を考えてみましょう。割り算は、いつも分数として書き表されることを思い出しましょう。

$$1.2 \div 0.06 \rightarrow \frac{1.2}{0.06}$$

いやだ！ $\frac{1.2}{0.06}$ は見るからに怖ろしいので、これらの小数点をすぐに取り除きましょう。ウーム。分母に何を掛ければ、小数第二位を消すことができるでしょう？ 100 です。

でも、分母に 100 を掛けたければ、分子にも 100 を掛けなければならないことは学びましたね。つまり、猫まね分数です。分母と分子に同じ数を掛けても、その分数の値は変わらないからです。だから

$$\frac{1.2}{0.06} = \frac{1.2}{0.06} \times \frac{100}{100} = \frac{1.2 \times 100}{0.06 \times 100} = \frac{120}{6}$$

そして、何だと思う？ $\frac{120}{6}$ の頭でっかちな分子を倒して、$6\overline{)120}$ を得ることができます。これはまさに、割る数と割られる数の小数点を二つ移動して得られる結果と同じです。

というわけで、上と下に 10, 100, 1000 を持つ猫まね分数を掛けることは、本質的に、小数の割り算で、割る数と割ら

れる数の小数点を一つ、二つ、三つ移動することと同じなのです。(そして、猫まね分数を掛けるとき、その表現の値は変わらないことに注意しましょう。)

 この章のおさらい

- 小数同士を比較するときには、器械体操の審判たちのことを思い出しましょう。小数点から右の一つの数字以外は手で覆い、その見えている桁同士だけを比較しましょう。もし、それらが互角(引き分け)であれば、もう一桁だけ覆った手をずらし、同じ数字同士ではなくなるまでそれを続けましょう。いったん勝ち負けがはっきりしたら、残りの桁は無視してよいのです。それで、おしまい。

- 小数同士を掛け算するときは、小数点の位置が大切。普通の小数点なしの掛け算をして、小数点以下の桁数の和だけ、その積の右端から戻った所に小数点をつけます。数えて、掛けて、数える。

- 割られる数が小数で、割る数が整数の場合は、割られる数の小数点を割り算の家の屋根を通して真上に持ち上げ、必要ならば、ゼロを付け足して普通に割り算する。

- 割る数が小数の場合は、割る数の小数点を右に移動

して、それが整数になるには何回移動すればよいか、数えて、それと同じ回数だけ割られる数の小数点も右に移動してから、普通に割り算する。

練習問題の答え

p.11

2. $15 = 3 \times 5$ 3. $75 = 3 \times 5 \times 5$
4. $100 = 2 \times 2 \times 5 \times 5$ 5. $48 = 2 \times 2 \times 2 \times 2 \times 3$

p.13

2.   3.   4.

p.23

2. 14 3. 10

p.26

2. 45 3. 25

p.32

2. 8 3. 3 4. 18

p.39

2. 5: 5, 10, 15, 20, 25, 30, 35, 40, 45, 50
3. 7: 7, 14, 21, 28, 35, 42, 49, 56, 63, 70
4. 12: 12, 24, 36, 48, 60, 72, 84, 96, 108, 120

p.45

2. 9: 9, 18, 27, <u>36</u>, 45, 54, 63
   12: 12, 24, <u>36</u>, 48, 60, 72

答え：36

3. 6: 6, 12, 18, 24, 30, 36, <u>42</u>, 48
7: 7, 14, 21, 28, 35, <u>42</u>, 49
答え：42

4. 4: 4, 8, 12, <u>16</u>, 20
16: <u>16</u>, 32, 48
答え：16

5. 9: 9, 18, 27, 36, <u>45</u>, 54
15: 15, 30, <u>45</u>, 60
答え：45

p.57
 2. $\dfrac{2}{5}$ **3.** $\dfrac{7}{73}$ **4.** $\dfrac{4}{7}$

p.64
 2. $2\dfrac{2}{3}$ **3.** $1\dfrac{1}{5}$ **4.** $3\dfrac{1}{4}$

p.68
 2. $\dfrac{5}{2}$ **3.** $\dfrac{20}{3}$ **4.** $\dfrac{8}{5}$

p.72
 2. $\dfrac{6}{1}=6$ **3.** $\dfrac{1}{1}=1$ **4.** $\dfrac{141}{1}=141$

p.78
 2. $\dfrac{3}{2}$ **3.** $\dfrac{10}{21}$

p.82
 2. $\dfrac{3}{8}$ **3.** $\dfrac{2}{5}$ **4.** $\dfrac{296}{19}$ **5.** $\dfrac{1}{9}$

p.87
 2. $\dfrac{8}{15}$ **3.** $\dfrac{16}{25}$ **4.** $\dfrac{1}{6}$

p.100

2. $\dfrac{2}{4}, \dfrac{3}{6}, \dfrac{10}{20}$ 3. $\dfrac{8}{6}, \dfrac{12}{9}, \dfrac{40}{30}$ 4. $\dfrac{10}{2}, \dfrac{15}{3}, \dfrac{50}{10}$

p.112

2. $\dfrac{2}{3}$ 3. $\dfrac{73}{84}$ 4. $\dfrac{4}{5}$

p.121

2. $\dfrac{3}{4} < \dfrac{4}{5}$ 3. $2\dfrac{1}{3} = \dfrac{21}{9}$ 4. $\dfrac{5}{11} < \dfrac{1}{2}$

p.126

2. $\dfrac{20}{14} < \dfrac{90}{60}$ 3. $\dfrac{1}{21} > \dfrac{1}{22}$ 4. $\dfrac{100}{3} > \dfrac{3}{100}$
5. $\dfrac{17}{51} = \dfrac{1}{3}$ 6. $\dfrac{2}{6} < \dfrac{3}{8}$

p.133

2. $\dfrac{8}{3}$ 3. 異なる分母 $\left(\dfrac{10}{21}\right)$ 4. $\dfrac{1}{2}$ 5. 2

p.142

2. $\dfrac{4}{9}$ 3. $\dfrac{1}{36}$ 4. $\dfrac{25}{72}$ 5. $\dfrac{7}{6}$ $\left(1\dfrac{1}{6}\right)$

p.156

2. 3 3. $\dfrac{1}{2}$ 4. $\dfrac{3}{4}$

p.169

2. 4 3. $\dfrac{9}{2}$ 4. $\dfrac{1}{2}$

p.187

2. $0.8888 < 0.891$ 3. $0.45 > 0.1999$
4. $56.11 > 6.889$ 5. $0.1112 < 0.1211$

p.190

2. 24.401 3. 73.591 4. 5.61 5. 27.5

p.195

2. 0.18 3. 9.1 4. できる

p.197

2. 割る数 3、割られる数 63、商 21
3. 割る数 4、割られる数 32、商 8
4. 割る数 5、割られる数 80、商 16
5. 割る数 8、割られる数 72、商 9
6. 割る数 2、割られる数 10、商 5

p.201

2. 0.13   **3.** 0.013   **4.** 13.4

p.206

2. 5   **3.** 7   **4.** 7   **5.** 0.5

12×12 までの九九の表

	1	2	3	4	5	6	7	8	9	10	11	12
1	1	2	3	4	5	6	7	8	9	10	11	12
2	2	4	6	8	10	12	14	16	18	20	22	24
3	3	6	9	12	15	18	21	24	27	30	33	36
4	4	8	12	16	20	24	28	32	36	40	44	48
5	5	10	15	20	25	30	35	40	45	50	55	60
6	6	12	18	24	30	36	42	48	54	60	66	72
7	7	14	21	28	35	42	49	56	63	70	77	84
8	8	16	24	32	40	48	56	64	72	80	88	96
9	9	18	27	36	45	54	63	72	81	90	99	108
10	10	20	30	40	50	60	70	80	90	100	110	120
11	11	22	33	44	55	66	77	88	99	110	121	132
12	12	24	36	48	60	72	84	96	108	120	132	144

数学のトラブル解決ガイド

　困っていますか？ つぎのような症状に覚えはありますか？ あなたの答えは、ここで見つかります。

1. 「数学が死ぬほどつまらない。」
2. 「数学の時間が怖くなる。」
3. 「授業で混乱し、わけがわからない。」

トラブル１：数学が死ぬほどつまらない

問題：あなたが、机に向かって数学の宿題をしようとするとき、集中するのが難しい？ あなたは神経質になったり、注意散漫になりやすい？
解決法：演技力を培いましょう。

　わたしたちは、だれでも小さいとき、ままごと遊びをしたと思います。あなたは、空想上の友達を持っていたかもしれません。あなたは、あなたの弟や妹と探偵ごっこをしたかもしれません。あなたが秘密探偵で、ある殺人事件をあなたの家の裏庭で解決しようとしていたかもしれません。あるいは、あなたは目をつぶって、あなたの寝室がある外国のおおきなお城で、あなたはその領地

の王様や王女様で、みんな（あなたの両親を含めて）が、あなたの言った通りのことをしなければならないと、想像するのが好きだったかもしれません。

　想像力は、とても強力なものです。とても強いので、実際にあなたが数学の宿題をこなす手助けをしてくれることができます。

　試しに、あなたの数学の本を開いて、あなたがしなければならない最初の問題を見てみましょう。それをあなた自身の頭の中に読んで聞かせるのですが、あなたが想像できる限りの熱狂的な言葉を使ってそれをするのです。わたしは、本気で言っているのです。これが馬鹿げていて、まったくかっこいいことではないことも、わかっています。でも、だれも、あなたの頭の中で起こっていることを聞くことはできないのです。（違いますか？）

　たとえば、その問題が、$\frac{1}{4} + \frac{3}{4} = ?$ だったとしましょう。自分に向かって言いましょう。「ああ、$\frac{1}{4}$、わたしは、あなたのことがとても気に入っている。なんて偉大な分数でしょう。だから、早く $\frac{3}{4}$ と足し算をしてみたい。がんばれ！　さて、どうやって足しましょうか？　えーと、分母が同じなので、分子同士を加えればいいだけだ。ラッキー。だから、答えは $\frac{4}{4}$ になる。でも、ちょっと待って。これは、既約分数の形とは思えない。まず、約分しないと。だからわたしは、約分するのです。なぜならわたしは、約分するのが、友達といっしょに遊ぶのと同じくらい好きだからです。ワーイ。」

いる一つ一つの宿題、でも、やるぞと決めてあなたが、解いたときを想像してみてください。あなたが、頭をつかったり、あなたの内側と外側の美しさを磨くたびに、あなたは、あなたの憧れの女性になっていくのです。わたしがここで自分の経験から、あなたに言ってあげたいことは、あなたはかわいい女の子でもあり、また頭のいい、もちろん、数学のできる若い女性であることが同時に可能であるということです。

分数の約分

　どの国の言語にも、一つの意味を多様な言葉や言い回しで表現できるという特徴がある。たとえば、あなたが友達のブラウスがとても気に入っているとすると、あなたは、「それは、かわいいブラウスね。」とも言えるし、あるいは、「それは、かわいいトップね。」と言ってもいい。それから、あなたは、「このドレスには、ナイロンの靴下をはいたほうがいいかしら？」と言うかもしれないし、「このドレスには、ストッキングをはいたほうがいいかしら？」と、言っているかもしれない。また別のときには、「本当に最低なことね！」とか、「とてつもなく卑劣なことだわ！」とか…これは、もっとたくさん言い換えができるかもしれない。わたしの言っている意味がわかってもらえたかな？ ほとんど、いつでもと言っていいくらいに、同じことを二通り以上の言い方で言うことができるでしょう？ 数学の言葉でも、同じ数を表す言葉がたくさんあります。特に、分数に対してはそうです。第4章では、仮分数と帯分数に対してこれが真実だということを見ました。仮分数と帯分数は、見かけは違うけれど、全く同じ数を表すことが可能なのです。この章で

は、このことがどんなふうに、同値な分数と、分数の約分について関係しているか見てみましょう。

しかしその前に、この点をはっきりさせるために、わたしとパイについての話を聞いて下さい。

ダニカの日記から・・・パイを食べすぎてしまったいきさつ

数年前の感謝祭のこと、料理上手なわたしの母が、お客さんのためにたくさんのパイを焼きすぎたことがありました。パンプキン・パイ、ピーカン・パイ、アップル・パイ—そして砂糖を全く使わずに、蜂蜜で甘くしてありました。おいしかった！ でも、その中でも、アップル・パイだけは手付かずのままでした。誰もが、他のパイで満腹になっていたからです。

翌日、その手付かずのアップル・パイは、冷蔵庫の中にそっとおいてありました。ああ、な

んとおいしそうなこと。昼食後、ごく薄くパイを一切れ切りながら思いました。「わたしは、そんなにたくさん食べようとしているわけではないわ。みて、このパイのスライスの薄いこと！」数分後、わたしは冷蔵庫まで戻り、もう一切れとりました。そして、もう一切れ、もう

数学のトラブル解決ガイド　217

　あなたの頭の中の小さな声が、本当に元気で生き生きしているように、気をつけましょう。そう、まるで応援団のようにです。そしてあなたの本当の声が、何度もその"熱狂的な"声を遮ろうとしても、こう言い続けましょう。「それ！　次の問題が待ちきれない！　それより他に、したいことなんて、何もない。」その熱狂的な声が、他のどんな考えも押しつぶしてしまうようにしましょう。

　こういうことは、全部とんでもないことのように思うかもしれません。でもこれは、有効な方法の一つなのです。

　ただ宿題をながめて、精神的に集中できないために、何もできないうちに小一時間も経ってしまうのは、いやではありませんか？　そしていずれにせよ、あなたは一時間無駄にしてしまったのです。

　いいですか。あなたの前向きの考えが、熱狂的なほど効果があるのです。あなたが、自分の仮の熱狂的な声を信じれば信じるほど、良い結果が得られるのです。もしあなたが、自分でも笑ってしまうほどこっけいであれば、それはさらに良いでしょう。

　あなたは、あなたが数学の宿題を熱狂的に愛していると演技することが、どんなに集中力や持続力を助けるか、びっくりするでしょう。この方法は、試験中にでも役立つのです。ただ試験中には、うっかりあなたの頭の中の応援団の声が外に漏れないように！

ダニカの日記から・・・できるようになるまで、それができるふりをする！

　わたしが、全国共通学力テスト（SAT）に向けて勉強していたとき、もっとも苦手だったのは、"読解力"の分野でした。そのセクションでは、とても長い文章、それもわたしの興味のない、たとえば蟻の巣の構造とか、とにかくたいくつな内容を読まなければならず、そのあとで細かい質問に答えなければならないのです。

　テストの練習をするたびに、わたしの心が、その物語の途中で、どこかに飛んでいってしまうように感じました。その物語に集中するエネルギーが、みつからなかったとでもいうのでしょうか。その結果、それを読み終わっても、あまりそれについて、どんなことが書いてあったのか、覚えていなかったのです。それで、質問に答えるのがとても難しかったのです。わたしが集中しようとするたびに、頭の中では、「わたしは、蟻の巣にはまったく興味がない。どうしてわたしは、これを読まなければいけないの？」　もちろんわたしは、論理的にはその答えを知っていました。それを読んで問題に答えることが、わたしのSATのスコアを上げるのに役立って、スコアがよければ良い大学に入学できて、わたしの将来全体がそれにかかっていることは、わかっていました。そうです、わたしがいかに蟻の巣に集中できる

かは、重大なことなのでした。

　そのときでした。わたしのSATの先生が、この"応援団"の声のアイデアを、わたしに示してくれたのでした。「たいていのここに出てくる物語に、あなたが興味のないことはわかります。しかしあなたは、注意深くその詳細を読み取らなければなりません。そこでわたしが提案したいのは、これらの物語を読むときに、意識してそれらがこれまでに読んだこともないほど魅力的な読み物だという、ふりをすることです。」

　わたしは、その先生は何ておかしなことを言うのかと思いました。でもわたしは、そのやり方を試してみたのです。わたしは、その退屈な物語を読みながら、こう考えているふりをしたのです。「ワァーオ。わたしは、蟻の巣づくりがたまらなく好きだ。その蟻たちは、平均して一日に何立方インチずつトンネルをほっていくのだろう。おもしろい！　わたしは、もっと違った種類の蟻のことも知りたいな。」

　それらの考えは、本当に馬鹿げていたけれど、まんざら悪くもなかった。そうするうちに自分が、その物語の内容を少しはおもしろく感じられるようになり、実際に読後、その詳細を前よりはっきり記憶していることに気が付きました。

　結局、その"応援団の声"のおかげで、わたしはその読解力の点数をかなりよくすることができました。す

べてこれは、想像力のなせるわざです。

トラブル 2：数学の時間が怖くなる

問題：あなたは、数学をすると考えただけで、気分が悪くなるように感じますか？ あなたは数学が、あなたのいとこの恐ろしいハロウィンマスクより、恐ろしいと感じますか？

解決法：数学をする競争相手をみつけて、恐怖を強さに変える。

ときどき数学が怖くなるのは、かまわないと思います。わたしたちはみんな、数学の新しいトピックに入るたびに感じる、ためらいの気持ちを共有しています。「もし、これができなかったらどうしよう？ もし、これが失敗したらどうしよう？」

これらはすべて、正常な感じ方です。だれでも、失敗するのが怖いのです。わかりましたか？ だれでもです。子どもも、大人も、だれでもです。そのうちの幾人かは、それを表面には出さないかもしれませんが、内面ではだれもが、自分たちにとって挑戦的なことに対しては、同じタイプの感情を持つものなのです。

恐怖というのは、あなたの胃の中の錐(きり)のように感じられるかもしれないし、あなたの体中をゆさぶる震えのよ

うに現れるかもしれません。人によっては、クラスでスピーチをする前にそのように感じたり、あるいは、好きな人に電話をする前にそうなったりもします。あるいは、どうやって解いていいかすぐにはわからない数学の問題を前にして、また失敗するのでは、と恐れる余りそう感じることがあるのです。

それでも、成功する人と失敗する人との違いは、恐怖を感じるか、感じないかにあるのではありません。その違いは、その恐怖をどういうふうに扱うかによるのです。これは数学についても言えるし、人生のほかの場面でも言えることなのです。その鍵は、それらの感情にすべて身を任せてしまわないことです。その感情にわたしたちをコントロールさせないことです。

「でも、どうやってそうできるのですか？」簡単です。あなたの競争心、野心的な部分を刺激してやることです。負けることを拒否するのです。恐怖に直面するたびに、新しい挑戦を前にして怖気づくたびに、しかし、それでもそこを押して進んでいくたびに、わたしたちは、精神的にも、感情的にも強くなっていくのです。わかりますか？　わたしたちは実際、より強くなっていくのです。あなたが数学に対して、恐がったり、恐怖心を持ったりするたびに、これはもっと強くなるための練習の機会とおもうことにしましょう。

かつて、かの偉大なエレノア・ルーズベルト（エレノア・ルーズベルト（1884〜1962）は、アメリカ大統領フランクリン・ルーズベルトの夫人。1933年に、夫が大統領になった

とき、彼女も記者会見を開いたり、ラジオ局のレギュラー番組を受け持ったり、新聞に毎日コラムを書くなど、ファースト・レディとして型破りの活動を行なった。1945年、夫の死後エレノアは、アメリカの国連代表として輝かしいキャリアを残し、国連初の国連人権賞を受賞している。彼女の容姿は、決して魅力的なものとはみなされなかったが、14歳のときに、次の文章をかいたことはよく知られている。「…その女性がいかに魅力的でなかろうと、もし、真実と忠誠心が彼女の顔に刻み込まれていれば、だれでもが、彼女に魅惑されるだろう。」)が、こう言いました。「あなたが恐いと思うことを、毎日一つはしなさい。」さぁあなたは、これがなぜ大切か、わかりますね。恐いことに面と向かって「わたしは、恐怖心に振り回されたりしない。」と言い続けることが、数学で成功するだけでなく、あなたの人生のあらゆる分野で、あなたを成功者にしたててくれるのです。

トラブル3：授業で混乱し、わけがわからない

問題：あなたは、先生の話を理解しようとしているのに、それがなんの意味もなさない。あなたは、質問があるのに手をあげる勇気がない。

解決法1：恥ずかしがらずに、勇気をだしましょう。

解決法2：クラスが始まる前に、教科書を読んでおく。（たぶん、読んでも理解はできないかもしれませんが、そ

れでもいいのです。はじめから理解できることは、期待されていないのですから。)

解決法1：質問することを恥ずかしがるのはやめましょう
　先生たちは、あなたに教えるために、教室にいるのです。それが、先生たちの仕事だからです。あなたは先生たちに、クラスの前でも、途中でも、そのあとでも、質問できるのです。試してみてください。先生たちは、噛み付いたりしないはずです。とりあえず、たいていの先生はそのはずです。

　授業中　もしあなたが、授業中に何かについてわからなくなったら、ほとんど100%の確率で、あなたのクラスの他の二、三人の生徒も同じ事がわからないはずです。そしてもし、あなたに質問があるならば、とても大きな確率で、クラスの五、六人の生徒が、同じ質問をしたいのだけれど、恥ずかしくて手をあげられずにいるのです。

　手をあげて、あなたのまわりの静かな生徒が心の中で、聞きたくてうずうずしている同じ質問をしたとすると、彼らは、あなたが質問したことで、どれだけ密かにほっとしているか知れません。たぶん、けっしてどの生徒がそうなのか、あなたにはわからないでしょうが、わたしを信じてください。絶対にいるのですから。わたしたちのほとんどが質問することをためらう理由は、わたしたちが、頭が悪いと思われるのを恐れるからです。

　わたしたちは、こんなふうに考えているかもしれませ

ん。「もし、わたしだけがわかっていないのだとしたら、どうしよう。わたしはこれを理解すべきだし、もし理解できなかったら、それはわたしの責任だから、黙って静かにしていて、あとで追いつけることを期待しておこう。わたしの同級生たちの前で、恥はかきたくない。」

聞いてください。たとえもしあなたがある質問をして、クラスのだれかが、「なんて馬鹿な人だろう。そんな馬鹿なことを聞く人の気がしれない。」と思ったとしても、(そしてこれは、とても少ない確率ですが)一時間もすれば、あなたが手をあげて質問したことなど完全に忘れて、そのかわり、自分たち自身のことを考えるのにせいいっぱいでしょう。(そしておそらく、密かに、他の人たちが、自分たちのことをどう考えているか心配しているのが、関の山でしょう。)

だから、授業中にあなたの質問をしましょう。あなたは、そうしてよかったと思うはずです。そして、あなたの同級生もあなたと同じ気持ちのはずです。

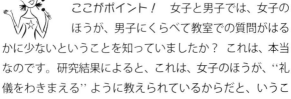

ここがポイント！　女子と男子では、女子のほうが、男子にくらべて教室での質問がはるかに少ないということを知っていましたか？　これは、本当なのです。研究結果によると、これは、女子のほうが、"礼儀をわきまえる"ように教えられているからだと、いうことです。一般に女子のほうが、男子よりも礼儀が正しいということには、あなたも賛成するでしょう。女子のほ

うが、早く成長するというだけだと思います。礼儀が正しいことは、多くの場面でとても素晴らしいことと言えますが、質問をするということが、礼儀をそこねるということではまったくないということを、わかってほしいのです。

> ### 知ってましたか？
>
> 　新しい考え方（数学でも、他の話題でも）について、混乱するのは、自然な人間の学習過程なのです。言い換えると、あなたがはじめて何かを学ぶときには、あなたは、混乱することが予想されているのです。そしてあなたは、質問があるはずなのです。だから先生が、「何か、質問はありますか？」と聞いたとき、恥ずかしがらずに勇気を出して質問しましょう。
> 　また先生たちは、自分たちの教えていることが、どういうふうに生徒に伝わっているか、いつもわかっているわけではないのです。たまに先生たちが間違うこともあるし、大事な情報を言い忘れてしまうことだってあるのです。そしてあなたが質問するまで、それに気づかないかもしれないのです。

授業が終わってから　もし、あなたが授業中に質問したけれど、先生の答えが理解できなかったり、先生の説明がはっきりしなかったりしたら、授業が終わってから先生にもう一度聞きなおすのは、全然かまわないことなのです。

　もし、先生があなたを手助けしたくなさそうに見えたり、先生自身がその数学を理解していない（あなたは信じないかもしれませんが、ときどきこういうことがある

のです。)ようだったら、教室以外のところに助けを求めるときが来たと思ってください。あなたの学校で、同じ学年を教えている先生で、あなたを助けようとしてくれる先生がみつかるかもしれないし、数学を助けてくれる課外活動のようなものがみつかるかもしれません。たとえあなたの質問が一つや二つだったとしても、良い先生というものは普通、あなたに喜んで説明してくれるはずです。

それを、先生の側から考えてみてください。特に数学の先生たちは、普段、数学を学ぶということに無関心な生徒にばかり出くわしているはずです。だから、一人の生徒がその先生を訪ねていって、助けを求めているというのは、とても新鮮なことに見えるはずです。

だから、心配しないで質問に行きましょう。あなたが先生に質問するときに、その先生を尊敬する態度で近づけば、あなたは大丈夫です。あなたが質問をしにきたという事実だけで、どんなにその先生がうれしがるか、あなたは驚くかもしれません。

もし、こういうことがすべてうまくいかなかったら…

もしあなたが、あなたを助けてくれる先生を見つけられなかったとしても、恐れることはありません。あなたが教室で習っている数学の概念とおなじことを説明してくれる他の情報源が、数え切れないほど存在するのです。

数学は、各国共通の国際語だということを思い出してください。その問題に対して、先生によって、あるいは教科書に

> よって、ちょっとした違いはあるかもしれませんが、あなたが家庭教師の先生に助けてもらおうと、この本を使おうと、オンラインの助けを借りようと、あなたのフランスに居る、賢いインスタント・メッセージの相手に助けを求めようと、わたしたちはみんな、同じ数学の考え方を説明しているのです。

解決法2：予習（前もって、読んでおく）

あなたが、翌日習うセクションを前の晩に読んでおくことができないという理由は、どこにもないのです。これは、あなたが授業についていくためには、素晴らしい方法なのです。

たぶんあなたは、こう考えるかもしれません。「でも、先生が説明してもわからないのに、それを本を読んだだけで、どうやって理解できるというのでしょう？」

あなたは理解できないでしょう。実際あなたは、それを全部理解しようなどと、プレッシャーを感じる必要はないのです。これが、先に読んでおくことの利点なのです。あなたは、そこにある言葉をさっと読んで、次に何がこようとしているのか、「感じ」をつかめばいいだけなのです。

あなたは読みながら、「わー、斜辺って、なんだろう？三角形の上にある、小さな線のようだけれど。かっこいい。なんでもいいけど。」などと、言っているかもしれません。不思議かもしれませんが、新しい概念をたとえ、

短い時間でも見たことがあるというのは、翌日、教室でそれらを理解する助けになっているのです。最も良い点は、こんなふうに先読みするときは、何も勉強したりしなくてよいので、たったの二、三分で済んでしまうことです。

索　引

*斜体の数字は『文章題にいどむ篇』のページ数を表す。

ア行

因数分解　6
x　*179*
x について解く　*189, 205*
演算順序　*162*

カ行

学習スタイル（心理テスト）　*169*
掛け算の記号　*179*
仮分数　59
仮分数から帯分数　61
簡単約数テスト　12
逆数　79, 80
既約分数　101, 104
共通分母　133
計算機を使うコツ　*6*
公約数　19

サ行

最小共通分母　136
最小公倍数　41
最大公約数　20
集中力（心理テスト）　*172*
循環小数　11, 12
循環小数から分数　*28*
小数　*181*
小数、分数、パーセントの比較　76
小数からパーセント　*52*
小数から分数　*23*
小数で割る　*202*
小数の掛け算　*190*
小数の足し算　*187*
小数の等分　*197*
小数の比較　*183*
小数の引き算　*187*
小数の割り算　*196*
数学恐怖症（心理テスト）　*47*
整数の逆数　80
ゼロ　*194*
$\frac{0}{0}$　100
素因数　5
素因数分解　7, 10
素数　5

タ行

代数　150, 70, 181
帯分数　59
帯分数から仮分数　64
帯分数から小数　8
たすきがけ　122, 123, 134
単位　101
単位の変換（換算）　102, 156
単位比率　113
単位分数　158
単位分数表　164
単位分数をつくる　165
通分　134
同値な分数　95, 96

ハ行

パーセント　49, 57
パーセントから小数　50
パーセントから分数　56
倍数　38, 39
繁分数　148
比　99, 100
比率　99, 112
比例　129
比例式　129
分子　55, 56
文章題　85, 141
分数　55
分数から小数　2, 11
分数からパーセント　62
分数の掛け算　75
分数の足し算　132
分数の比較　118
分数の引き算　132
分数の割り算　83
分母　55, 56
変数　184
方程式　209

マ行

未知数　133

ヤ行

約数　2, 3
約分　101
有限小数　32

ダニカ・マッケラー(Danica McKellar)

1975年生まれ.カリフォルニア大学ロサンゼルス校を卒業.数学の学位を取得.青春ドラマ『素晴らしき日々』,ゲーム『鬼武者』英語版など現在は女優・声優として活躍.

菅野仁子

1954年,母,幸子の郷里,福島県相馬市にて出生.津田塾大学大学院にて結び目理論を学ぶ.都内で中高教師を務めたのち,渡米.ルイジアナ州立大学大学院にて「三正則および四正則グラフにおけるスプリッター定理」の博士論文で,2003年に博士号を取得.同年,ルイジアナ工科大学にて助教授.2018年,アップチャーチ准教授の称号を授与され,現在にいたる.位相幾何学的グラフ理論の分野における研究にいそしむかたわら,数学の美しさをできるだけ多くの人と共有することを夢みる.料理と散歩が趣味.

数学を嫌いにならないで 基本のおさらい篇
ダニカ・マッケラー　　　　　　　　　岩波ジュニア新書 876

2018年6月20日　第1刷発行

訳　者　菅野仁子(かんの じんこ)

発行者　岡本　厚

発行所　株式会社　岩波書店
〒101-8002　東京都千代田区一ツ橋 2-5-5
案内 03-5210-4000　営業部 03-5210-4111
ジュニア新書編集部 03-5210-4065
http://www.iwanami.co.jp/

印刷・理想社　カバー・精興社　製本・中永製本

ISBN 978-4-00-500876-6　　　Printed in Japan

岩波ジュニア新書の発足に際して

きみたち若い世代は人生の出発点に立っています。きみたちの未来は大きな可能性に満ち、陽春の日のようにひかり輝いています。勉学に体力づくりに、明るくはつらつとした日々を送っていることでしょう。

しかしながら、現代の社会は、また、さまざまな矛盾をはらんでいます。営々として築かれた人類の歴史のなかで、幾千億の先達たちの英知と努力によって、未知が究明され、人類の進歩がもたらされ、大きく文化として蓄積されてきました。にもかかわらず現代は、核戦争による人類絶滅の危機、貧富の差をはじめとするさまざまな人間的不平等、社会と科学の発展が一方においてもたらした環境の破壊、エネルギーや食糧問題の不安等々、来るべき二十一世紀を前にして、解決を迫られているたくさんの大きな課題がひしめいています。現実の世界はきわめて厳しく、人類の平和と発展のためには、きみたちの新しい英知と真摯な努力が切実に必要とされています。

きみたちの前途には、こうした人類の明日の運命が託されています。ですから、たとえば現在の学校で生じているささいな「学力」の差、あるいは家庭環境などによる条件の違いにとらわれて、自分の将来を見限ったりはしないでほしいと思います。個々人の能力とか才能は、いつどこで開花するか計り知れないものがありますし、努力と鍛練の積み重ねの上にこそ切り開かれるものですから、簡単に可能性を放棄したり、容易に「現実」と妥協したりすることのないようにと願っています。

わたしたちは、これから人生を歩むきみたちが、生きることのほんとうの意味を問い、大きく明日をひらくことを心から期待して、ここに新たに岩波ジュニア新書を創刊します。現実に立ち向かうために必要とする知性、豊かな感性と想像力を、きみたちが自らのなかに育てるのに役立ててもらえるよう、すぐれた執筆者による適切な話題を、豊富な写真や挿絵とともに書き下ろしで提供します。若い世代の良き話し相手として、このシリーズを注目してください。わたしたちもまた、きみたちの明日に刮目しています。（一九七九年六月）

岩波ジュニア新書

816 AKB48、被災地へ行く 石原真著
二〇一一年五月から現在まで一度も欠かすことなく続けられている被災地訪問活動。人気アイドルの知られざる活動の様子を紹介します。

817 森と山と川でたどるドイツ史 池上俊一著
魔女狩り、音楽の国、ユダヤ人迫害、環境先進国——ドイツの歩んだ光と影の歴史を、ゲルマン時代からの自然との関わりを軸にたどります。

818 戦後日本の経済と社会
——平和共生のアジアへ—— 石原享一著
民主化、高度成長、歪み、克服とつづく戦後。多くの課題に取り組んできた、その歩みをたどり、アジア諸国との共生の道を考える。

819 インカの世界を知る 木村秀雄 高野潤著
天空の聖殿マチュピチュ、深い森に眠る神殿、謎に満ちた巨石……。神秘と謎に包まれたインカの魅力を多数の写真とともに紹介します。

820 詩の寺子屋 和合亮一著
詩は言葉のダンスだ。耳や心に残った言葉を集め、かたまりをつくるんだ。それが詩になり、自分の心の記録、そして記憶になるんだ。

821 姜尚中と読む 夏目漱石 姜尚中著
夏目漱石に心酔し、高校時代から現在まで何度も読み直してきた著者と一緒に、作品に込められた漱石の思いを読み解いてみませんか。

822 ジャーナリストという仕事 斎藤貴男著
マスコミ不信の拡大、ネットなどによるメディア環境の激変。いまジャーナリストの果たすべき役割とは？ 目らの体験とともに熱く語ります。

823 地方自治のしくみがわかる本 村林守著
憲法は強力な自治権を保障しており、住民は政策決定に間接・直接に関われる。暮らしをよくする地方自治と住民の役割を考えよう。

(2016.2)

―― 岩波ジュニア新書 ――

824 **寿命はなぜ決まっているのか** ――長生き遺伝子のヒミツ　小林武彦 著

人はみな、なぜ老い、死ぬのか。「命の回数券」「長生き遺伝子」とは？ 老化とガンの関係は？ 科学的な観点から解説します。

825 **国際情勢に強くなる英語キーワード**　明石和康 著

アメリカ大統領選挙、英国のEU離脱、金融危機、地球温暖化、IS、TPPなど国際情勢を理解するために必要なニュース英語を解説します。

826 **生命デザイン学入門**　小川（西秋）葉子・太田邦史 編著

エピゲノム、腸内フローラ……。多様な環境を生き抜く力をもつ生命のデザインを社会に適用する新しい学問の魅力を紹介します。

827 **保健室の恋バナ＋α**　金子由美子 著

とまどいも多い思春期の恋愛。「性と愛」「ココロとカラダ」はどうあるべきか？ 保健室で中学生と向き合ってきた著者が、あなたの悩みに答えます。

828 **人生の答えは家庭科に聞け！**　南野忠晴 著・堀内かおる・和田フミ江 画

高校生たちが抱える悩みを漫画で表し、それらを受けて家庭科のプロが考え方や生きるヒントを豊かに教えてくれる一冊。

829 **恋の相手は女の子**　室井舞花 著

初恋は女の子。わたしらしく生きたいと願いつづけた同性愛当事者が、自身の体験と多様性に寛容な社会への思いを語る。

830 **通訳になりたい！** ――ゼロからめざせる10の道――　松下佳世 著

東京オリンピックを控え、注目を集める通訳。スポーツ通訳、ボランティア通訳、会議通訳など現役の通訳者たちの声を通して通訳の仕事の魅力を探ります。

831 **自分の顔が好きですか？** ――「顔」の心理学――　山口真美 著

顔は心の窓です。視線や表情でのコミュニケーション、顔を覚えるコツ、第一印象は大切か、魅力的な顔とは？ 心理学で解き明かします。

(2016.5)

岩波ジュニア新書

832 10分で読む 日本の歴史 NHK「10min.ボックス」制作班編

NHKの中学・高校生向け番組「10min.ボックス 日本史」の書籍化。主要な出来事、重要人物、文化など重要ポイントを理解するのに役立ちます。

833 クマゼミから温暖化を考える 沼田英治著

増加の原因は、温暖化が進んだことなのか？ 地道な調査・実験から温暖化との関係を明らかにする。分布域を西から東へと拡大しているクマゼミ。

834 英語に好かれるとっておきの方法——4技能を身につける 横山カズ著

同時通訳者&受験生向け講座で人気の講師が、自らの体験を通じて導き出した、英語を自分のものにする独習法を熱く伝授します。

835 綾瀬はるか「戦争」を聞くII TBSテレビ『NEWS23』取材班編

女優・綾瀬はるかが被爆者のもとを訪ねます。様々な思いを抱きながら戦後を生きてきた人々の言葉を通して平和の意味を考えます。

836 30代記者たちが出会った戦争——激戦地を歩く 共同通信社会部編

ガダルカナルなどで戦闘に加わった日本兵の証言を30代の記者が取材。どんな状況におかれ、生き延びたのか。現地の様子もふまえ戦地の実相を明らかにします。

837 地球温暖化は解決できるのか——パリ協定から未来へ！ 小西雅子著

深刻化する温暖化のなかで私たちは何をしなければならないのでしょうか。世界と日本の温暖化対策と今後の課題をわかりやすく解説します。

838 ハッブル 宇宙を広げた男 家 正則著

文武両道でハンサムなのに、性格だけは一癖あった？ 20世紀最大の天文学者が同時代の科学者たちと織りなす、栄光と挫折の一代記。（カラー2ページ）

839 ノーベル賞でつかむ現代科学 小山慶太著

日本人のノーベル賞受賞で注目を集める物質・生命・宇宙の3つのテーマにおける受賞の歴史と学問の歩みを解説。現代科学の展開と現在の概要が見えてくる。

(2016.9)

岩波ジュニア新書

840 徳川家が見た戦争

徳川宗英 著

二六〇年余の泰平をもたらした徳川時代、将軍家を支えた田安徳川家の第十一代当主が語る現代の平和論。二度と戦争を起こさないためには何が必要なのか。

841 研究するって面白い！
―科学者になった11人の物語―

伊藤由佳理 編著

理系の専門分野で活躍する女性科学者11人による研究案内。研究内容やその魅力を伝えていると共に、どのように進路を決め、今があるのかについても語ります。

842 紛争・対立・暴力
―世界の地域から考える〈知の航海〉シリーズ

西崎文子・武内進一 編著

なぜ世界でテロや暴力が蔓延するのか。欧州の移民問題や中東のISなど、宗教、人種・民族、貧困と格差が複雑に絡み合う現代社会の課題を解説。

843 期待はずれのドラフト1位
―逆境からのそれぞれのリベンジ―

元永知宏 著

プロ野球選手として思い通りの成績を残せなくてもそこで人生が終わるわけではない。新たな挑戦を続ける元ドラフト1位選手たちの軌跡を追う！

844 上手な脳の使いかた

岩田誠 著

経験を積むことの重要性、失敗や叱られることの意味、失われた能力を取り戻すしくみ―脳のはたらきを知れば、使い方も見えてくる！本当の「学び」とは何か？

845 方言萌え!?
―ヴァーチャル方言を読み解く―

田中ゆかり 著

キブンを表すのに最適なヴァーチャル方言は、リアル方言にも影響を与えている。その関係から、日本語や日本社会の新たな断面が見えてくる。

846 女も男も生きやすい国、スウェーデン

三瓶恵子 著

男女平等政策を日々更新中のスウェーデン。その取り組みを具体的に紹介する。そこには日本の目指すべき未来がある。

847 王様でたどるイギリス史

池上俊一 著

「紅茶を飲む英国紳士」はなぜ生まれた？　個性的な王様たちのもとで醸成された文化と気質を深〜く掘り下げ、イギリスの素顔に迫る！

(2017.2)

坂井律子

1960年生まれ．85年に東京大学文学部卒業後，NHK入局．札幌放送局，東京の番組制作局のディレクター，プロデューサーとして，福祉，医療，教育などの番組に携わる．NHK放送文化研究所主任研究員などを経て，制作局青少年・教育番組部専任部長．2014年6月より山口放送局長，2016年4月より編成局主幹(総合テレビ編集長)を務める．著書に『ルポルタージュ 出生前診断』(NHK出版)，『つくられる命』(共著，NHK出版)，『身体をめぐるレッスン4 交錯する身体』(共著，岩波書店)，『いのちを選ぶ社会 出生前診断のいま』(NHK出版)，『出生前診断 受ける受けない誰が決めるの？』(共編著，生活書院)ほかがある．

〈いのち〉とがん 患者となって考えたこと
岩波新書(新赤版)1759

2019年2月20日 第1刷発行
2022年3月4日 第5刷発行

著 者 坂井律子(さかい りつこ)

発行者 坂本政謙

発行所 株式会社 岩波書店
〒101-8002 東京都千代田区一ツ橋2-5-5
案内 03-5210-4000 営業部 03-5210-4111
https://www.iwanami.co.jp/

新書編集部 03-5210-4054
https://www.iwanami.co.jp/sin/

印刷製本・法令印刷 カバー・半七印刷

© Ritsuko Sakai 2019
ISBN 978-4-00-431759-3　　Printed in Japan

岩波新書新赤版一〇〇〇点に際して

ひとつの時代が終わったと言われて久しい。だが、その先にいかなる時代を展望するのか、私たちはその輪郭すら描きえていない。二〇世紀から持ち越した課題の多くは、未だ解決の緒を見つけることのできないままであり、二一世紀が新たに招きよせた問題も少なくない。グローバル資本主義の浸透、速さと新しさに絶対的な価値が与えられた。消費社会の深化と情報技術の革命は、種々の境界を無くし、人々の生活やコミュニケーションの様式を根底から変容させてきた。ライフスタイルは多様化し、一面では個人の生き方をそれぞれが選びとる時代が始まっている。同時に、新たな格差が生まれ、様々な次元での亀裂や分断が深まっている。社会や歴史に対する意識が揺らぎ、普遍的な理念に対する根本的な懐疑や、現実を変えることへの無力感がひそかに根を張りつつある。そして生きることに誰もが困難を覚える時代が到来している。

しかし、日常生活のそれぞれの場で、自由と民主主義を獲得し実践することを通じて、私たち自身がそうした閉塞を乗り超え、希望の時代のそれぞれの幕開けを告げてゆくことは不可能ではあるまい。そのために、いま求められていること――それは、個と個の間で開かれた対話を積み重ねながら、人間らしく生きることの条件について一人ひとりが粘り強く思考することではないか。その営みの糧となるもの、教養に外ならないと私たちは考える。歴史とは何か、よく生きるとはいかなることか、世界そして人間はどこへ向かうべきなのか――こうした根源的な問いとの格闘が、文化と知の厚みを作り出し、個人と社会を支える基盤としての教養となった。まさにそのような教養への道案内こそ、岩波新書が創刊以来、追求してきたことである。

岩波新書は、日中戦争下の一九三八年一一月に赤版として創刊された。創刊の辞は、道義の精神に則らない日本の行動を憂慮し、批判的精神と良心的行動の欠如を戒めつつ、現代人の現代的教養を刊行の目的とする、と謳っている。以後、青版、黄版、新赤版と装いを改めながら、合計二五〇〇点余りを世に問うてきた。そして、いままた新赤版が一〇〇〇点を迎えたのを機に、人間の理性と良心への信頼を再確認し、それに裏打ちされた文化を培っていく決意を込めて、新しい装丁のもとに再出発したいと思う。一冊一冊から吹き出す新風が一人でも多くの読者の許に届くこと、そして希望ある時代への想像力を豊かにかき立てることを切に願う。

（二〇〇六年四月）